30年にわたる観察で明らかにされた
オオカミたちの本当の生活

パイプストーン一家の興亡

X-Knowledge

30年にわたる観察で明らかにされた
オオカミたちの本当の生活

パイプストーン一家の興亡

ギュンター・ブロッホ=著　ジョン・E・マリオット=写真

今泉忠明=監修／喜多直子=訳

X-Knowledge

THE PIPESTONE WOLVES

Copyright© 2016 by Günther Bloch
Photography copyright © 2016 by John E. Marriott
Foreword copyright © 2016 by Mike Gibeau
Epilogue copyright© 2016 Paul Paquet

Japanese translation published by arrangement with Rocky Mountain Books
through English Agency (Japan), Ltd., Tokyo

装丁・フォーマットデザイン　坂川栄治＋鳴田小夜子（坂川事務所）

本文レイアウト　山田達也、林 慎吾（D-tribe）

フェイス（左）とスピリット（右）。

野生の世界への扉を開けてくれた
パイプストーン一家のフェイスとスピリット、
そして彼らのすばらしい子供たちにこの本を捧げる。

序文 9／謝辞 12／周辺地図 13／はじめに 15／カメラマンの覚書 21

1/ カナディアン・ロッキーにおける
シンリンオオカミ観察にまつわるQ&A ———— 25

2/ パイプストーン一家の勃興 ———— 53

3/ パイプストーン一家の最盛期 ———— 103

4/ パイプストーン一家の没落 ———— 159

5/ オオカミたちの行く末 ———— 191

エピローグ 201

参考資料 205

参考文献 210

ソーパックの焼き跡に佇むスピリット。

序文

　動物行動学とはその名の通り、生物の行動を研究し、その背景を明らかにする学問だ。そして、その最も純粋な調査の形が「直接観察」である。1日何時間もの観察を数週間、あるいは数カ月、ときには数年にわたって実施する。観察者は、研究対象となる種の間近で、その行動をただひたすらに見つめ続ける。しかし北アメリカでは、直接観察という手法が過小評価されている。直接観察でデータを収集しようという生物学者は少なく、「ハイテク首輪」を用いた研究が主流なのだ。最近の追跡プロセスは実質、「追跡」を伴わない。調査対象の動物に発信機付き首輪をはめれば、GPSデータが衛星経由でノートパソコンに届き、パジャマ姿でカフェラテでも楽しみながら、その動向を追うことができる。便利な世の中になったものだ。本書はそんな時代に逆行する「直接観察」に基づき書かれたものだ。その点ではむしろ「斬新」と言うべきだろう。

　私がはじめて野生動物の調査を行ったのは1980年代のこと。研究対象はバンフ国立公園に生息するクロクマだった。10年ほどパークレンジャー(公園警備)を務めた経験があり、クマの捕獲や銃の扱いにも慣れていた。当時は私も、北アメリカでごく一般的な方法で調査を行っていた。動物を捕まえ、首に発信機を付け、野に放つ。そして毎日、発信機から送られてくる信号をもとに、三角測量で動物の居場所を導き出すのだ。そのときどきの動物の居場所を線で結び、移動の傾向を推察した。クロクマの研究のあと、1980

年代の終わりにオオカミ、1990年代始めにはコヨーテ、その後はハイイログマの調査に10年を費やした。肉食動物専門家として過ごしたパークス・カナダを2011年に去るまで、私は10誌を超える世界一流の学術誌に何十本もの論文を寄稿したが、それらはすべて首輪を使った追跡に基づく研究結果だった。

　オオカミ研究を始めたばかりの頃、幸運にもポール・パケット［訳注：オオカミ行動生態学者］が、ギュンター・ブロッホに引き合わせてくれた。ギュンターは動物を実地で観察していた。まさに目からうろこだった。彼は北アメリカであまり馴染みのない「直接観察」を実践していたのだ。ギュンターとの最初の思い出は、私がコヨーテの研究をしていたときのこと。調査エリアで車を走らせながら、私はギュンターに、道路から数メートル外れたところにコヨーテの巣穴があると伝えた。その場所を見たいと言うギュンターのために、私は巣穴から少し離れたところに車を停めた。ギュンターは満足そうに何かが起こるのをじっと待っている。しかし、何も起こるはずがないと端から諦めていた私は、早く次の場所へ移動したくてうずうずしていた。当時の私は「観察」の偉大な力にあまりにも無知だったのだ。すると突然、コヨーテの子供たちが巣穴から飛び出し、柳の木々の根元で遊びはじめた。ギュンターが息を呑むようなすばらしい写真を撮影したのは言うまでもない。

　ギュンターはオオカミを見るのが好きだった。そこで私は、パー

クス・カナダの職員という立場を利用し、ギュンターと彼の妻カリンが一般非公開のオオカミの巣穴を観察できるよう手配した。その後は数年にわたり、ヘリコプターで夫妻の送迎を続けた。公園の外れまで2人を運び、3週間後に迎えに行く。巣穴の間近でオオカミを観察した夫妻の手により、新たな情報が次々と届けられた。私の同僚たちを嘆かせ、自信を喪失させるほどに。職員の中には、彼らの観察結果に頑なな態度を貫く者もいた。

1990年代半ば、ドイツのケルンで開催された国際イヌ科動物シンポジウムで、コヨーテ研究の成果を発表しないかと声がかかった。ケルンを訪れた私はこの機会にと、ギュンターとカリンがアイフェル [訳注：ドイツ西部からベルギー東部にかけての山地] に設立したドッグトレーニング施設と犬舎を訪ねた。

ある日の午後、私たちは連れだって、観光客でにぎわう町なかへと足を伸ばし、歩行者専用道路とセントラルスクエアを散策した。すると数分に1度、誰かがギュンターに話しかけてくる。歩道沿いのカフェに入っても、なかなか席に着くことができなかった。ギュンターに気づくと、人々がみな立ち止まり、握手を求め、イヌ科動物の行動について会話を始める。ギュンターが注文したアイスクリームもすっかりとけてしまった。「ギュンターはもしや知る人ぞ知るロックスターなのかもしれない」とまで思いはじめたほどだ。のちに、彼がイヌの人気情報番組でホストを務め、カナダの成人人口を越える視聴者がヨーロッパ中にいると知り、私はようやく納得したのだった。

私はこの旅で、ヨーロッパの人々が北アメリカとは異なる次元で

イヌの行動や訓練に向き合っていることを実感した。イヌはヨーロッパ社会に見事に溶け込んでいる。レストランでイヌを見かけることもしばしばだった。電車やショッピングモールにも当たり前のようにイヌがいる。そしてもちろん、彼らはとてもお行儀が良かった。

ギュンターはもう20年以上も、野生イヌ科動物に関する知識をカナダでも広めようと尽力を続けている。野生動物写真家のジョン・E・マリオットも、直接観察の熱心な支持者だ。私がジョンと出会ったのは1990年代の始め、彼がパークス・カナダで仕事を始めた頃だった。屈託のない笑顔と底知れぬ熱意を武器に、ジョンはカメラのレンズを通して、野生の世界と人々をつないできた。すばらしい写真と豊富な知識は、辛抱強く続けてきた直接観察の賜物だ。そんな粘り強さが彼に「カナダ随一の野生動物写真家」の称号をもたらしたのだ。

知識や情報の源はさまざまだろう。しかし、本書の源となっているのは、何十年にもわたるオオカミの実地観察だ。イヌ科動物の行動について理解を深め、「オオカミ神話」にメスを入れる。ここには、発信機付きの首輪だけでは知り得ない洞察がある。これはまぎれもなく、夜が明ける前から日が沈むまで、何年もオオカミたちに寄り添い過ごした日々の集大成なのだ。

——マイク・ジボー

元パークス・カナダ肉食動物専門家
アルバータ州キャンモアにて

ボウ・ヴァレー・パークウェイでヨガのようなポーズをとるリリアン。こうして尻の汚れをとっている。

謝 辞

まずはじめに、私の使命を理解し、それをまっとうさせてくれる妻のカリンに心から感謝する。

多くの仲間とスポンサーがイヌ科動物行動研究センターを通じ、プロジェクトの資金面などで多大なるサポートを寄せてくれた。また、敬意と責任感を持って動物を見守り、バンフのオオカミたちの代弁者であらんとするマイク・ジボーとポール・パケットが、この本に序文とエピローグを寄せてくれた。彼らはカリンと私の信念に共感し、長年にわたるフィールドワークに力を貸してくれた。私たちのさまざまな問いかけにも正面から向き合い、それに答え続けてくれた2人に深謝したい。ヘンドリク・ベッシュは、私が心臓発作に見舞われたあと、私たちのオオカミ観察を引き継いでくれた。彼の援護にどれだけ救われたことか。彼の口から発せられる鋭い指摘、パークス・カナダへの手紙やソーシャルメディアで発信することばにも、彼の揺るぎない信念が如実にあらわれている。そして、私たちの研究を支え続けてくれたヘルガ・ドロギーズ、エリ・ラディンガー、クリスティン・ホルスト、コンスタンティン・ルドウィコフスキ、ドリス・デ・ラ・オサをはじめ、オオカミ保護のために尽力してくれた人々。彼らは不作法なカメラマンや公園来訪者から私たちを守り、オオカミ観察を粛々と進められるよう心を配ってくれた。また、ここでは名前の列挙を控えるが、「公園の人々」と忌憚ない意見交換の場が持てたことにも感謝する。

初稿の編集および修正にもあたってくれたジョン・E・マリオットと、私たちの盟友である探索犬のチヌーク、ジャスパー、ティンバー。彼らの力なくしては、この本の半分も書くことができなかっただろう。ティンバーは誰よりも早くオオカミの気配をとらえ、その居所を的確に教えてくれた。ティンバーは2016年2月1日、癌との長い闘いの末に息を引き取った。ティンバーは私たちの心の中で、最高の「ハイイロオオカミ探索犬」として永遠に生き続ける。

ここに全員の名前を挙げることはできないが、オオカミプロジェクトに関わるすべての人々に心からの感謝を送る。

——ギュンター・ブロッホ

来る日も来る日も夜明けから日没まで、3年間もオオカミを追い続けた私をやさしく許してくれた妻のジェンに最大の感謝を。雪靴を履いて4時間もオオカミを追跡するような男が夫では、妻はさぞかし大変だろう。また、私にオオカミの生態のいろはを教え、このすばらしい本に関わる機会を与えてくれたブロッホ夫妻、そして、このプロジェクトの道中で私に力を貸してくれたすべての人に、この場を借りて感謝したい。

——ジョン・マリオット

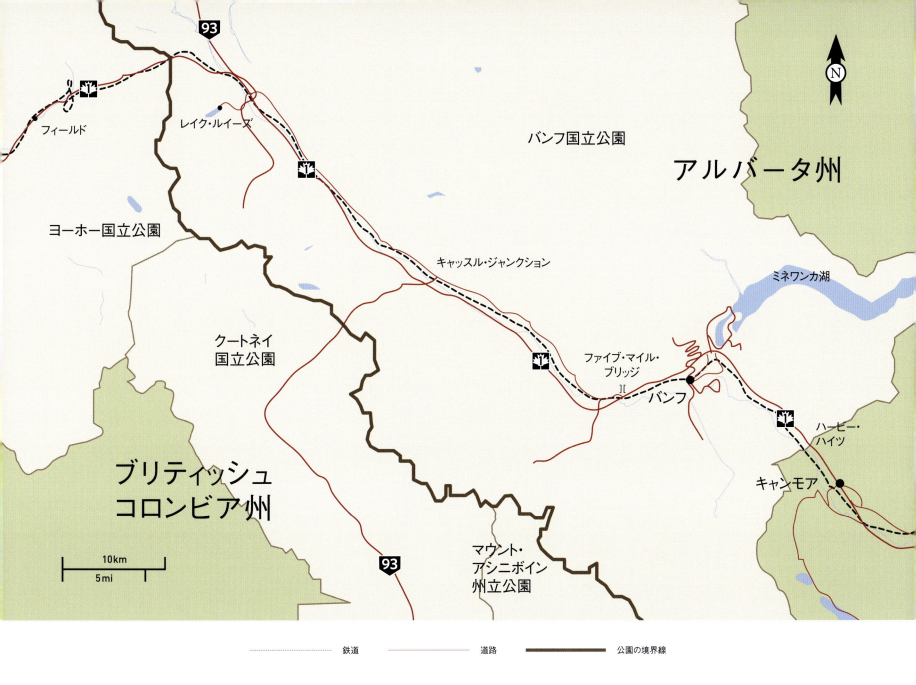

ムース・メドウで遠吠えをするスピリット。[訳注:「ムース」はヘラジカ、「メドウ」は草地の意]

はじめに

　「オオカミ」と聞けば、誰もがこう思うのではないだろうか——森林の奥深くに身をひそめ、その姿をほとんどさらすことのない神秘の動物。そう、オオカミの信条は秘密主義。それゆえ、野生での習性、つまり行動生態の情報はまだまだ少ない。オオカミの社会生活に関する本の10冊のうち9冊は、柵の中で暮らすオオカミの観察に基づき書かれたものだ。しかし、囚われのオオカミに、野生のオオカミと同じ社会性が見られるとは限らない。私たちも両者の違いをすべて把握しているわけではないが、それでも柵の中のオオカミが、刑務所の囚人たちのように、行動を変化させたとしても不思議ではないのだ。

　野生オオカミの生活と社会的構図をより深く知るためには、オオカミ家族を数年にわたり観察できる場所を探さねばならなかった。しかし、カナダでそのような条件を満たすエリアを見つけるのは難しい。オオカミが生息する手つかずの自然は消えつつあり、わずかに残されたエリアでも、オオカミは狩られ、罠にかけられ、毒を盛られる。放牧や狩猟がもたらす利益を優先し、カリブー[訳注：北アメリカに生息するトナカイ]を守るという「大義名分」を振りかざす人間が、野生に生きるオオカミを迫害し続けているのだ。

　絵画のような美しさを誇るカナディアン・ロッキーの「保護区域」でさえ、今や野生生物の安住の地ではなくなっている。主要国立公園を擁するバンフでは、狩猟や捕獲の危険は回避できても、拡大する観光産業と乱開発のあおりからは逃れられないのだ。

　カナダ初の国立公園であるバンフ国立公園は多くの観光客でにぎわうが、それでもなお、ハイイロオオカミの亜種がそこで暮らしている。シンリンオオカミは、特別保護地域に指定された渓谷や森林だけでなく、人口が密集し、開発が進むバンフとレイク・ルイーズ間のボウ渓谷にもなわばりを確立している。

　GPS機能つきの首輪や、遠隔操作式赤外線カメラなどの現代科学テクノロジーが、バンフに生息するオオカミの生態に迫り、その行動パターンや習性を知る契機を与えた。しかし、「オオカミ一家の生活」という核心に迫るには、それだけでは不十分だった。本質を知るための手段はただ1つ、長期にわたる実地観察だ。今から24年前、私たちはボウ渓谷オオカミ行動観察プロジェクトに着手した。本書は、カナディアン・ロッキーの真ん中で実施した何千回もの直接観察の結果をまとめたものである。

　人目を避けて暮らす動物の直接観察は容易ではない。ましてや、その姿を見つけること自体が困難なオオカミが相手では、個々の行動を長期的に観察し、情報を収集するのは至難の業だった。野生動物管理者の中には、「オオカミ社会はみな一様で、その行動も型通りだ」と考える者もいる。しかし私たちは、ボウ渓谷のような環境で長く暮らすオオカミたちの行動と習性は、家族ごと、さらには家族内の個体ごとに異なるはずだと考えていた。生息環境は生物の行

動を左右する。それゆえ、すべてのオオカミが同じ行動パターンを示すことはあり得ない。しかしその一方で、「すべてを知る」のはほぼ不可能だということも、私たちは重々承知していた。

国立公園内で運よくオオカミに遭遇できたとしても、ほんの数秒間その姿を拝めれば御の字だ。カメラを取り出して写真を撮ったり、何頭いるか数えたり、ましてやその行動と社会性を詳細に記録したりする猶予などあるはずもない。

しかし、もしも数年間にわたり、毎日何時間も野生オオカミを見つめ続けたとしたらどうだろう。訓練を十分に積んだイエイヌを車に乗せ、オオカミを探しに出かけたとしたら？ オオカミ一家の生活を邪魔しないよう十分な距離をとりつつ、何十年も観察を続ける。そして、彼らの行動を詳細に記録し、社会的構造を紐解いていく。はたして「ミッション・インポッシブル」だろうか。いや、決して不可能なことではない。事実、私たちはプロジェクトを成功させ、本書に登場するオオカミたちとある種の親睦を深めたのだ。私たちが1頭1頭に名前をつけたことからもおわかりいただけるだろう。私たちは、間近で観察する動物たちに敬意を払い、個々を認識すべきだと考えている。彼らは商品ではなく、命ある存在なのだから。

それならば、オオカミたちをそっとしておいてやるのが得策ではないのか……。私たちも観察にあたり、自問自答を繰り返した。しかし、私たちのプロジェクトには単なる行動観察の枠組みを超えた意義があった。国立公園管理局の広報の言葉を鵜呑みにすれば、バンフではすべてが順調で、オオカミの生息数にも問題がないという

ことになる。しかし、私たちはプロジェクト開始前から、公園で暮らすオオカミたちが危機的状況にあるのではないかと疑念を抱いていた。私たちが実地調査に乗り出した最大の目的は、公園内のオオカミたちの代弁者になることだった。そしてそのためには、オオカミ一家の日常に人間が与える影響を直接この目で確かめる必要があった。

私と妻のカリンはプロジェクトの一環として、オオカミの長期的実地観察のための革新的な手法を編み出した。「ネコの手」ならぬ「イヌの手」、いや、「イヌの鼻」を借りるのだ。イヌの嗅覚をもってすれば、はるかに効率良く車中からオオカミを追跡し、その姿を見つけることができる。この新しい手法の導入には細心の注意を払った。私たちの目的は、野生オオカミの行動を記録することであり、逃げ惑う動物を追い回すことではない。観察を始めるにあたり、私たちは倫理的指針を掲げた――「決してオオカミを深追いしない」

オオカミに「家族」や「倫理性」あるいは「性格」という表現を用いるのは、あまりにも擬人化が過ぎると思う人もいるだろう。動物行動学者たちでさえつい最近まで、「すべての動物は本能のままに生きている」と言ってはばからなかったのだ。しかし、私たちの信念は、動物行動学の第一人者であるマーク・ベコフやジェーン・グドール、ジョージ・シャラー、リチャード・ランガム、あるいはデール・ピーターソンらと通ずる。デール・ピーターソンは2011年、著書『The Moral Lives of Animals（動物の倫理生活）』の中で、「倫理性の主な役割は、他者との間に内在する葛藤に折り合

ベイカー・クリーク付近を移動する4頭のオオカミ。先頭がフェイスで、3番目がスピリット。2011年11月撮影。

エルドン・スプリットに近いボウ・ヴァレー・パークウェイを移動するパイプストーン一家のオオカミたち。

いをつけることだ」と述べている。オオカミ社会を語るとき、「家族」という表現よりも「パック（＝群れ）」という語が広く用いられる。「パック」という言葉は、厳格な縦社会のもとに成り立つ階層型組織のニュアンスが色濃い。しかし、私たちの観察対象である野生オオカミには、そのような序列の形がほとんど見られなかったのだ。

第1章では、オオカミについての一般的な情報を考察する。私たちはこれまで、オオカミの行動と用語に関するさまざまな質問を受けてきた。そのいくつかに答えながら解説を添えたいと思う。また、「パック」「アルファ・ウルフ」「序列」など、世間に浸透した用語とその意味が、もはや通用しないと考える理由も説明したい。

第2章から第4章では、「パイプストーン一家」の盛衰の物語を紹介する。第2章では、パイプストーン一家がいかに卓越した順応行動戦略を用いてボウ渓谷で存在感を放つようになったか、その経緯を説明する。また、一家の面々について、その性格の違いも系統立てて説明したい。オオカミの子育てと感情、そして家族の年齢と親子関係に根付いた組織的支配についても解説する。

第3章では、パイプストーン一家の全盛期を取り上げ、私たちが目撃した支配構造について、社会的地位と年齢だけではなく、性別や性格タイプ、さらには食糧をめぐる争いにも関連付けて掘り下げる。「パックのリーダー」という地位に性別は無関係だ。また、いわゆる「アルファ・ウルフ」がいつも一番に食事にありつくとは限らない。社会的序列の下位にあたる子供たちにその権利を譲ることもよくあるのだ。

第4章では、パイプストーン一家の衰退の悲劇について語る。なぜなわばりを保持できなかったのか。観光業の拡大によりバンフが巨大アミューズメントパークと化し、どれだけパイプストーン一家の終焉に影響を及ぼしたのかを考察する。

第5章では、ボウ渓谷とバンフ国立公園のオオカミたちの未来について考える。本書執筆中の2015年始め、バンフに新しいオオカミ一家（バンフタウン一家）が出現し、翌年にはバウ渓谷になわばりを確立した。

エピローグでは、大型肉食性動物研究の第一人者でもあり、オオカミに関する著作も多いポール・パケット博士が、バンフで暮らすオオカミなどの野生動物が、観光産業の巨大化に伴い直面することになるストレスについて、生態学的見地から考察している。

巻末にもいくつか資料を加えた。ボウ渓谷で6年にわたり君臨し続けたパイプストーン一家の社会的構造、頭数の推移、性別と年齢の構成比、性格タイプ、そして死亡件数をまとめている。

ディンゴ。2011年11月撮影。

カメラマンの覚書

オオカミという生き物は、カメラマン泣かせという点で野生生物界随一の被写体だ。本書でギュンターが語っているとおり、彼らは人目を避けてひっそりと暮らす、とらえどころのない動物だ。活動するのは夜明けと夕暮れどき。つまり、撮影に必要な光が欠如する時間帯だ。しかしそんな問題も、私がパイプストーン一家の撮影に没頭した日々の中では、ほんの小さな苦労に過ぎなかった。

オオカミに魅せられた私は、2009年秋から2012年夏まで、気の向くままに車を走らせ、ときには雪靴を履いてひたすらに歩き、パイプストーン一家を探してボウ渓谷をさまよい続けた。角を曲がったその先で、道路の真ん中に佇むオオカミに思いがけず遭遇したこともある。しかし、それはごくまれなケースだ。たいていはただじっと座り、オオカミが現れるのを待ち続ける。ギュンターからオオカミが近くにいるという合図を受けてから、あるいは雪の上にオオカミの足跡を見つけてから、時間だけがいたずらに過ぎていく。ギュンターとカリンが現場を離れたり、ほかの仕事でドイツに戻ってしまったりしたときは、ずいぶん苦労したものだ。泥や雪の上に残された足跡をたどりながら、1日何十キロメートルも歩き、オオカミの行動パターンを探る。ギュンターの教えに頼るばかりでなく、自分でもできる限り情報を集め、役に立ちたいと必死だった。

野生オオカミをはじめて撮影したのは1997年、ブリティッシュコロンビア州のマウント・ロブソン州立公園だった。それから約10年間、チャ

ンスがあればカメラを手にし、オオカミの撮影を細々と続けていた。しかし2007年6月、デリンダという名のオオカミ、そしてボウ渓谷のオオカミ一家との出会いが、私の意識を大きく変えた。

2009年11月、ボウ・ヴァレー・パークウェイにパイプストーン一家が頻繁に姿を見せるようになる頃には、私は全身全霊オオカミと向き合う準備ができていた。フルタイムの野生動物カメラマンとして各地を旅しながら、できるだけギュンターとカリンのプロジェクトに参加した。しかし、ほかの仕事との両立には無理があった。冬には週5日から6日、ボウ渓谷でパイプストーン一家を追うことができる。しかし、地方での撮影との兼ね合いで、夏には週3日から4日、春と秋には週に1、2日しか渓谷に留まることができなかった。

ギュンターとカリンにくっついて、毎日のようにフィールドワークに出かける。野生動物写真家にとって、まさに夢のような日々だった。しかし、オオカミの姿を見かけることが多くても、その姿を写真に収めるとなると話は別だ。美しい写真を撮影できるのはほんの限られた機会だけ。私のフォルダに保存されたパイプストーン一家の写真は、長い直接観察の日々の中でも、特にツキに恵まれた30日ほどの間に撮影したものだ。良い具合に光が射し、オオカミたちが撮影に協力的で、交通や観光客やほかのカメラマンに邪魔されず、天候にも恵まれた日の写真だ。

ギュンターとカリンは、オオカミと十分な距離をとるようにいつも心を配っていた（オオカミのほうから歩み寄ってくることもあったが）。私も

彼らにならい、何百メートルも離れた地点から撮影を試みるのだが、ほとんどの場合はあまりにも遠すぎて、はっきりと輪郭をとらえることができない。それでも、ギュンターが本書の中でくぎを刺しているように、車から飛び降りてオオカミを追いかけるという選択肢はなかった。オオカミは距離を縮めるのを嫌う。私はそんな彼らを遠くから観察し、その時間をただ純粋に楽しんだ。

　不可抗力がはたらいて、一生に1度あるかないかという最高のチャンスをふいにしてしまったこともある。たとえば、ブリザードが道路の真ん中でネズミと戯れる現場に出くわしたときのこと。ボウ・ヴァレー・パークウェイの道幅が狭くなった地点で、私はギュンターの車のうしろに自分の車を停めていた。ブリザードの姿をとらえるには、サンルーフから顔を出し、ボンネット越しに狙うしかない。早朝で、気温はマイナス28度。夢中でシャッターを切ったが、エンジンの空冷機関から立ち昇る蒸気のせいで、現像した写真にはすべて靄がかかっていた。

　オオカミの行動に関する知識も含め、ギュンターからオオカミについて学んだことは大きい。ギュンターは私に、オオカミを倫理的に撮影するよう導いてくれた。野生動物の撮影を始めた当初は、ありのままの姿と行動を引き出す術など持たなかった。むしろ、被写体が去ってしまわないうちにシャッターを切ることしか頭になかったのだ。1990年代にはじめてオオカミに出会った頃も、概ねそんな撮影スタイルだった。オオカミを見つければ車から飛び出して、カメラ片手にあとを追う。もちろんオオカミは走り去り、フィルムには何も残らなかった。

　2007年6月にデリンダと出会ったとき、私はそれまでとは違う哲学で野生動物と向き合いつつあった。私もようやく気がついたのだ。重要な

のは、是が非でもよい写真を撮ることではなく、目の前の動物たちの日常を尊重することだと。走ってオオカミを追いかけたり、車であとをつけたりすることが、どれだけ無意味で、オオカミにとってどれだけ迷惑か……。ギュンターは、良い写真を撮るためには、道路に車を停めてエンジンを切り、何かが目の前で起こるまで、静かに、辛抱強く、ただ座って待てばよいのだと教えてくれた。

　とは言え、直接観察の期間中1度も失敗を犯さなかったわけではない。被写体にできるだけ接近し、アングルを変えては左右に体を振り、より良い写真を撮ろうとするのがカメラマンの性だ。パイプストーン一家の日常を邪魔してしまったことも何度かあっただろうが、少なくとも本書に収められた写真はすべて、彼らの自然な姿をとらえていると自負している。私の存在を気にも留めず、オオカミがオオカミらしく生きるありのままの姿を。

　2012年7月の時点で、フォルダには1853枚の写真が保存されていた。ボウ・ヴァリー・パークウェイでオオカミを追いかけるカメラマンの「群れ」が日ごと増えていく中、私はパイプストーン一家に別れを告げる決心をした。「群れ」の1人にはなりたくなかったのだ。野生動物、とりわけオオカミの姿を追いはじめたばかりの新人カメラマンたちの良い手本となりたくて、私は「オオカミ依存症」を断ち切った。その日から数えると、私がパイプストーン一家を撮影したのは3度きりだ。ハイウェイ93号線南行きで彼らに遭遇した2012年10月23日。2012年7月以来はじめてボウ・ヴァレー・パークウェイで車を走らせた2013年12月3日の朝。そして、2014年2月19日、ボウ・ヴァレー・パークウェイで彼らに再会し、撮影した写真が、パイプストーン一家の最期の1枚となった。

ボウ渓谷のオオカミ一家のデリンダ。2007年6月撮影。

ボウ渓谷のオオカミ一家。
2007年9月撮影。
国立公園で暮らすオオカミは
長い年月をかけ、
人間と共存する道を
模索してきた。

過去23年にわたり、私たちはカナダのバンフで暮らす
オオカミ一家の観察を続けてきた。
世界で最も有名な公園のひとつであるバンフ国立公園を舞台に、
彼らが苦難と試練に直面しながら、
家族として生きていく姿を追ってきたのだ。
1992年春から2014年晩秋にかけて、
できる限り綿密に実地調査の記録をとり、
できるだけ多くの映像を撮りためた。その目的は、
野生に生きるオオカミ家族の行動の変化を世の人々に伝えること。
本書に記載する情報は、人間や車の往来を間近に感じながら
暮らすオオカミたちが、生き残るためにたどらねばならなかった
順応の過程を知る手がかりとなる。また、インフラ整備や交通などの
人間活動が、オオカミの動向や狩猟パターン、
死亡率や家族の社会的構造に及ぼす影響についても
知識を深めてくれるはずだ。

1 カナディアン・ロッキーにおける シンリンオオカミ 観察にまつわるQ&A

20年以上にもわたる野生オオカミの行動観察は、まさしく我慢くらべの連続だった。来る日も来る日も時間だけがいたずらに過ぎていく。しかし、辛抱強く続けたフィールドワークはやがて、唯一無二の行動生態の洞察に結びつく。私たちの直接観察は、遠隔地のデータを収集するテレメトリングやGPS、発信機つきの首輪などによる従来のオオカミ研究を超える面もあったと自負している。

　まずは、数十年の観察生活で投げかけられた問いをいくつか挙げ、それに答えよう。

野生イヌ科動物の実地観察をはじめたのはいつ？

　妻のカリンと私がはじめてオオカミを実地で観察したのは、1988年10月の休暇中、カナダのジャスパー国立公園でのことだった。私たちは、カナディアン・ロッキー最大を誇るその公園で、威厳あふれるシンリンオオカミが黒い群れを成し、ビーバーを追いかける光景を目撃した（結局、オオカミたちは獲物を仕留めることはできなかったが）。その瞬間、私たちの胸にオオカミへの陶酔が芽生えたのだ。私たちが毎年のようにオオカミの姿を追うようになったのは、そんな運命的な出会いがきっかけだった。

　しかし、実際に実地調査を始めたのは1992年5月。黒いオオカミの群れとの出会いから、実に4年の年月が経過していた。その春、カリンはドイツに残り、イヌ科動物行動生態研究センター（イエイヌと捕獲されたオオカミの行動生態研究を目的とした専門施設）で

の業務をこなしていた。一方、私は単身カナダへ渡り、パークス・カナダ ［訳注：バンフを拠点とする 政府の国立公園管理機関］ の依頼を請けて、ボウ渓谷でオオカミの巣穴観察を開始した。

　行動観察は初日から、オオカミ研究の世界的権威、イタリアのエリック・ツィーメン博士によるリサーチと、彼のオオカミ・イヌ行動比較論に沿って進められた。直接観察は、カナダの著名なオオカミ行動生態学者、ポール・パケット博士の指示の下、数カ所にわたる巣穴エリアで実施する。ポール自身、テレメトリングに頼った従来の調査だけでは情報収集が不十分だと考えていた。直接観察によるデータを必要としていたポールにうながされ、私は1992年の調査開始から、オオカミの行動パターンを実地で調査し、系統的に記録をとり続けた。そのときの調査結果は、1993年にポールが発表したハイイロオオカミ（学名：Canis lupus）の行動生態に関する最後の報告書に記載されている。系統立った記録の作成は、ドイツのセンターですでに実践済みだった。ドイツ人としての性分からか、私は何事も理路整然と進め、決してダブルチェックを怠らない。すべてを秩序立てておきたいのだ。

　もうひとつ、調査を始めたばかりの頃に、フィールドワークで片時も忘れないでおこうと肝に銘じたことがある。それは、「行動と環境は表裏一体である」ということだ。オオカミの研究においても、行動観察だけに集中していてはうまくいかない。オオカミたちを取り巻く環境を知り、より大局的に向き合う必要があった。

　最初の春、ポールの生徒のひとり、シェリー・アレクサンダーに連れられて、スプレー一家と名づけられたオオカミ家族の活動中心

域に足を踏み入れた。トランス・カナダ・ハイウェイ［訳注：カナダ大陸横断高速道路］からほど近い場所で、巧妙にセットされた木のスタンドと生い茂る低木で身を隠し、オオカミに気取られずにその行動を観察できる。風向きの具合によっては、夜明けから夕暮れまでそこに座り、スプレー一家の社会生活の記録と撮影に没頭することができた。私と同じようにオオカミに魅せられた者ならば、その喜びは想像に難くないだろう。森の奥の安全なエリアで、オオカミが憩い、子と戯れたりする場所を「ランデブーサイト」と呼ぶ。オオカミ一家の「リビングルーム」とも言えるその空間の片隅に陣取り、彼らの日常を間近で観察し、すべてを記録するのだ。それは私にとっても、実にセンセーショナルな体験だった。

　観察開始早々、オオカミの日常の「現実」が、さまざまな本で読み知った世界とはかけ離れていることを思い知らされた。「ダイアン」という名の美しい雌が、実の子でない子オオカミたちを育てる場面に遭遇したのだ。実の母親は、私が観察を始めるほんの数週間前に、トランス・カナダ・ハイウェイで命を落としていた。驚いたのは、7人家族の新たなリーダーとなったダイアンが、生後7週間の2頭の子供たちのために自ら母乳を出しはじめたことだ。その姿は、オオカミを研究する私の胸に、「どんなことも起こりうる」という教訓となって、その後も深く残ることになる。

　ひたすらにオオカミを観察し、スプレー一家の社会的構造の発見をポールに報告する日々……。ご想像のとおり、何とも幸せな時間だった。

　私は、オオカミたちが作り上げた社会的構造、特に子の世話をす

るおとなたちの動向に注目し、データの収集に励んだ。オオカミはなんと人間に似ていることか。その姿はまるで「おじ」や「おば」、「社会福祉士」や「ベビーシッター」のようなのだ。そんな光景を目の当たりにした私の頭にこんな考えがよぎった――「人間はイヌ科動物の品位ある行動に学ぶべきではないか」。

　巣穴付近やランデブーサイトでは定点観察を実施した。毎朝同じ場所に出向いては、深い草に埋もれて寝そべり、オオカミやほかの野生動物が現れるのをじっと待つ。私よりも早くに観察を始めていた学生もいたが、1991年にスプレー一家のオオカミを見たというエリザベスをのぞき、ことごとくフィールドワークから離脱してしまっていた。辛うじてオオカミの姿を2、3度目撃することができても、それがほんの1、2秒の間だという厳しい野生の現実にしびれを切らしてしまったのだろう。私もシェリーに念を押されたのを憶えている。「オオカミを見られなくたって、どうかがっかりしないでくださいね。特に近くで見られるなんて思わないこと。それが普通なんです」。私は思わず歯噛みした。「くそ！　わざわざカナダまで来たっていうのに！」

　当時、私はヘビースモーカーだった。コーラの缶を片手に、タバコを吸いながら佇む姿を見て、カナダの人々はみなあきれたように頭を振っていたものだ。おそらく「ややこしいドイツ人が来た」とでも思っていたのだろう。巣穴観察の現場で迎えた初日も、私は隠れ場所に座り、いつもの調子で巻きタバコを仕込んでいた。すると突然、まるで私のデビューを祝うかのように、ダイアンが巣穴から登場したのだ。その距離およそ200メートル。ダイアンに続き、2

頭の灰色の子供たちも姿を現した。オオカミ親子は近くの池まで歩き、水を飲んだ。突然の出来事にすっかり舞い上がってしまったが、どうにかこうにかその一部始終をフィルムに収めた。私が構えるカメラからわずか10メートルの地点まで接近したダイアンの姿もしっかりと。私にとってそれが、人間に好奇心を示す野生動物を目にし、その行動を撮影したはじめての経験だった。間近に迫ったオオカミからは、不思議と敵意も危険も感じられなかった。すべてが終わっても、私はこの目で見た光景に圧倒され、その場に座り込んでいた。あまりの幸運に、口もきけないほどだった。

しかし、幸運はまだ続く。その後も毎日のように、オオカミ一家のうち少なくとも1頭、調子が良ければ2頭以上のオオカミに会うことができたのだ。こうして私は最初の4週間のうちに、巣穴エリアにおけるオオカミ遭遇率の記録をすっかり塗り替えてしまった。

それ以来、私は春の訪れとともに毎年ドイツからカナダへ渡り、巣穴の観察を続けた。そしてその度に、自分自身の幸運を噛みしめたのだった。

パイプストーン一家を実地観察する目的は？

2008年にパイプストーン一家の調査を始めた当初の目的は、いわゆる「パック」と呼ばれる群れと「家族」との違いを明らかにすることだった。また、個体間の性格の違いを特定し、ボウ渓谷のオオカミの生存率に与える影響を類型化したいとも考えていた。野生のオオカミは見ていて飽きない。2、3年も観察を続けていると何

もかもわかったような気になるが、すぐに新たな事実に直面し、無知な自分を呪うことになる。野生のオオカミ一家の行動は、決して型通りではない。不意を突かれるのは毎度のこと。口をあんぐりと開け、呆然と座り込んでしまうような瞬間に何度も見舞われる。そして、いつもこう思うのだ。「私はなんてバカなんだ。何もわかっちゃいない！」もちろん、何も起こらず、何も見られず、何も聞こえないという、永遠にも感じられるような時間をただ過ごすだけの日もあった。

オオカミの観察にいくら情熱を注いでも、直接的な収入にはつながらない。パイプストーン一家の観察に給料は発生しないのだ（事実、20年以上にわたるオオカミ調査も、ほとんど無報酬で行っていた）。そんなわけで、私たちは別の収入源を確保し、研究のための資金作りに励まなくてはならなかった。幸い、1977年に設立したイヌ科動物行動生態研究センターのおかげで、プロジェクトを続けるための備えができた。センターでは、およそ30000組の犬と飼い主を訓練し、犬舎も運営していた。私はまた、イエイヌとオオカミの行動に関する専門知識を携えて、ヨーロッパ各地へセミナーに出向き、専門学校で講義した。100本を超える雑誌記事を執筆し、著書がベストセラーになったことも大いに助けとなった。

私はイヌ科動物行動学コンサルタントとして、故郷のドイツをはじめ、スイスやオーストリアなど、ヨーロッパ各国で活動を行っている。そんな私にとって、野生オオカミ研究における最大の関心事は、「典型的なオオカミ」と「イヌ」の行動比較、そして、オオカミが構築する社会構造とコミュニケーションのしくみだった。しか

一家を連れてボウ・ヴァレー・パークウェイを行くスピリット(中)とフェイス(左)。2011年1月撮影。フィールドワークの目的の1つは、いわゆる「パック」と呼ばれる群れと「家族」との違いを明らかにすることだった。

し、それらを紐解くには、まず野生オオカミの「典型的行動」を把握しておく必要があった。

愛犬家はとかく、イエイヌの祖先であるオオカミの習性を知りたがる。私たちは1990年春、アメリカはインディアナ州の研究訓練施設、ウルフ・パークの創設者であるエリック・クリングハマー博士の厚意により、囲いの中で飼育されるオオカミの行動生態を知るまたとない機会を得た。オーストリアの動物行動学者で、コンラート・ローレンツの教え子でもあるエバーハルト・トルムラーとエリック・ツィーメン博士からは、オオカミとイヌに特化した動物行動学を学んだ。また、レイ・コッピンガー教授は、牧畜犬のすばらしい世界へ誘ってくれた。こうして私たちは、数種のイヌ科動物の基本挙動を基礎から徹底的に学んだわけだが、それでもまだ、森で自活するきわめて活発な野生オオカミについては完全に理解したとは言えなかった。そんなわけで、その後の観察における最大の焦点は、オオカミの子育てと、社会的・情緒的教育、認識能力の発達にしぼられた。

科学界では、オオカミのような動物が認知行動や感情を示すか否かで意見が分かれる。しかし、誰かがオオカミの暮らす実環境へ赴き、彼らのボディランゲージや順応行動の在りようを長期的に観察しない限り、議論は机上の空論の枠を出ない。私たちはプロジェクトの道中で、何度も自問を繰り返した。はたしてオオカミ社会には情緒的な連帯や、仲間への思いやりは存在するのだろうか。すなわち、オオカミは互いに助け合うのか、それとも野生動物行動学者の多くが主張するように、ハンディキャップを負った仲間がいればそ

れを捨て置く「本能だけで行動する動物」に過ぎないのかという問いだ。

そして、最後はこんな疑問に行き着く――人間は野生オオカミの行動に、どのような影響を及ぼしているのだろう。

人目を避けつつ広範囲で活動する
オオカミの行動をどのように観察するのか?

バンフを訪れる観光客がオオカミに及ぼす影響に着目した私たちは、野生オオカミの「典型的」な行動を探るため、まずは公園内の特定区域で調査を行おうと考えた。巣穴形成地やランデブーサイトなど、一般の立ち入りを禁止しているデリケートなエリアだ。そこで、1992年から1998年までの期間、パークス・カナダの特別許可を得て、非公開エリアで調査を実施した。フィールドワークでは定点観察のルールを厳守する。オオカミたちの聖なる神殿に侵入し、彼らが憩う居間の壁にひっそりととまるハエのごとく、息を殺して彼らの行動を見守るのだ。

私たちはその後、巣穴周辺やランデブーサイトだけでなく、活動中のオオカミにまで範囲を広げ、より詳細な行動観察に着手した。1998年から1999年の冬だった。

しかし、広大なテリトリー内で、毎日どうやってオオカミを探すのか。巣穴エリアやランデブーサイトを出た彼らの行動を探るには、その動きを追跡する新しい方法を見つけなければならない。1990年代始め、デイヴ・メックとジム・ブランデンバーグが、カナダの

ヌナブト準州エルズミア島で暮らす「マム」「レフトショルダー」と名づけられたオオカミの行動を観察し、私たちもその研究結果に深く感銘を受けたものだ。しかしバンフでは、彼らが北極圏で用いたような全地形万能車を乗り回すわけにはいかない。ボブ・ランディスはイエローストーン国立公園で、ジェフ・ターナーはカナダで映画を撮影し、オオカミの生態をくわしく伝えた。しかし、私たちには映画会社のまねごとをして、ヘリコプターを飛ばしてオオカミを追跡する余裕などない。そこで私たちは考えた。アフリカのサファリスタイルはどうだろう。サファリで野生動物を見物する人々のように、ルールを守り、車中から観察する。じっくりと時間をかけて、オオカミたちに私たちの存在を受け入れてもらうのだ。

巣穴形成地で観察を始めた当初から、私たちは常に高い倫理基準を維持するよう細心の注意を払っていた。毎日の目標は「野生動物を刺激しないこと」。これは、1992年のスプレー一家から2014年のパイプストーン一家まで、私たちがモットーとして堅く守り続けてきたことだ。オオカミが目の前に現れても辛抱強く車中に留まり、彼らが気の向くままに行動できるよう、道路の反対側に車を移動する。彼らの姿を認めれば、あるいは姿を見ずとも近くに気配を感じれば、その瞬間にあわててエンジンを切るのだった。

○友人たちの助けを借りて

研究者がオオカミの姿を見る機会は大きく3つに分けられる。1つめは、純粋に幸運に恵まれたとき（運転中に車の前をオオカミが横切るなど）。2つめは、雪や泥に残された足跡をたどり、最終的にその主を発見するとき。そして3つめは、テレメトリングを駆使した追跡で発見に至るケースだ（無線付き首輪を装着している場合に限る）。しかし、イヌ科動物の行動観察者である私たちとしては、実地調査でイヌの助けを借りない手はなかった。現代でもなお野性

左：ボウ・ヴァレー・パークウェイで私たちの車の前を横切るスピリット。2011年1月撮影。

右：仕事に励むティンバー。

味を多分に残す犬種、ウェスト・シベリアン・ライカのチヌーク、ジャスパー、ティンバーの3頭だ。彼らを後部座席に乗せてバンフの町を走ると、窓から鼻を突き出して訓練の成果を発揮した。鼻をひくつかせて臭気を探り、訓練したとおりの「サイン」でオオカミの居場所を教えてくれる。研究の友としてイヌを選択したのは、我ながら英断だった。彼らは実にオオカミを見つけるのがうまかった。

　もちろんイヌには、オオカミ探索の方法だけでなく、野生の営みを決して邪魔しないというルールも徹底的に叩き込んだ。私たちのオオカミ探索犬の訓練メソッドは「門外不出」だ。不用意にまねをされては、大きな問題を招きかねない。3頭のウェスト・シベリアン・ライカはすばらしい仕事ぶりで、私たちのプロジェクトに大いに貢献してくれた。自立心にあふれた使役犬である一方で、仕事のパートナーとして、私たち人間とも緊密にコミュニケーションをとった。

　アプローチの仕方を一歩誤れば、オオカミのプライバシーを侵してしまうこともある。私たちはイヌたちに、オオカミを見つけたときはその場で静かに座るか、伏せて待つよう教え込んだ。吠え立てたり、車内でそわそわ動き回ったり、窓に飛びついたりするなど、オオカミを威嚇するような姿勢も、異種へのいかなる攻撃性も示してはならない。私たちは3頭とともに、野生に生きるイエイヌの祖先との付き合い方を学んだのだ。

オオカミの日常を干渉しないために気をつけたことは？

　人間活動に侵食された土地であっても、そこに暮らすオオカミたちは概ねリラックスして生活しているように見える。彼らは人間の行動を理解しているのだ。そう考えると、人間がオオカミを観察しているのではなく、オオカミが人間を観察しているような気さえする。オオカミは生息環境に散在するあらゆる人的要素を認識している。

　そんなオオカミを相手に、不干渉という立場で調査を行うなど土台無理な話だ。トラップカメラと呼ばれるセンサー式自動撮影カメラでさえ、動物の行動に変化をきたす。私も何百回と経験したことだが、トラップカメラがとらえた画像を見れば、ほぼすべての動物が「隠しカメラ」に気づいているとわかる。好奇心の強い動物はにおいを嗅いだり、かじりついたり。小心な動物は低木の茂みに身を隠し、距離を保ったままカメラをじっと見つめる。リアクションの程度は違えど、動物たちはみな、人間の行動をすべて見透かしているのだ。彼らは決して愚かではない。私たちが彼らの領域へ「侵入」しても、彼らはそれに対応してみせる。専門知識に基づいて実施した観察なら、たとえそれが彼らの行動に束の間の影響を与えたとしても、生活そのものを無責任に侵すことにはならない。

　オオカミ一家の構成員を知らずして、社会的行動を語ることはできない。そこまで深く踏み込む覚悟を持たなければ、知識の格差は埋まらず、どんなことばもただの推論になってしまう。それこそが、

私たちが個々のオオカミを詳細に観察するようになった最大の理由だった。

観察データの収集にあたり、私たちはオオカミへの干渉を最小限に抑えるべく、ガイドラインを設定した。たとえば、オオカミがこちらに向かって道路を歩いてきたときや、私たちが車で彼らを追跡するときには、必ず200メートルほどの距離を保つようにする。オオカミが私たちを拒んだわけではない。実際、彼らのほうからこちらに近づいてくることもあった。しかし、それはあくまでオオカミ自身の意思による行動であり、私たちがはたらきかけたものではない。また、移動中のオオカミの行く手を車で阻むようなまねも絶対にしない。それは、無知な観光客や非礼な地元の野生動物カメラマンがよくやっていたことだった。

私たちが近くにいても、オオカミたちはリラックスした様子で、ごく自然にふるまっていた。私たちに気づいても逃げ出すことはなかったし、後ろ脚の間に尾をしまい込んだり、耳を寝かせたり、ストレスからあくびをしたりといった不安を示すしぐさもまったく見られなかった。彼らはまさに、野生オオカミのありのままの姿を私たちに見せてくれた。移動し、狩りをし、なわばりにマーキング（においづけ行動）をし、あらゆる「財産」を管理し（獲物の死骸の置き場所、休憩場所、ねぐらの見張りなど）、じゃれ合い、ネズミを追いかけ、水しぶきをあげながら池に入る。ときには、私たちの車のそばで休息をとることもあった。彼らが「人馴れ」していたのではない。それは、私たちへの信頼の証だった。

「順化」と「順応」の違いは？

これも良い質問だ。これまでメディアが、さらにはパークス・カナダでさえ、うやむやにしてきた問題でもある。私たちは観察結果から、駐車車両の存在が必ずしもオオカミの「順化」、つまり「人馴れ」の決定的な原因にはならないと結論付けた。

私たちは1992年から、スプレー一家（バンフ国立公園とスプレー・レイク州立公園に生息）、カスケード一家（バンフ国立公園に生息）、フェアホルム一家（バンフ国立公園およびバンフの隣町キャンモアに生息）、ボウ一家（バンフ、クートニー、ヨーホーの国立公園に生息）について膨大な情報を収集してきたが、残念ながらその一部がパークス・カナダの出版物やインターネット記事に、不完全または不正確なかたちで掲載されたことがあった。たとえば、パイプストーン一家は「きわめて人馴れしたボウ渓谷のウルフ・パック」などと書かれたが、実のところは「ボウ渓谷のパック」でもなければ、「人馴れ」もしていなかった。バンフでは「一般に信じられているところによると……」という文句で始まる記事をよく見かける。私の祖母がよく言っていたものだ——「信じることと知ることは別物よ」。本書ではあくまで事実のみを伝えたい。ここにある情報は（ただしパイプストーン一家のリーダーたちの出自についての考察をのぞく）推論などではなく、直接観察に基づくものだ。

前述のオオカミ一家はみな「順化」のそしりを受けてきた。しかし彼らはただ、インフラ整備や車両の駐車といった人間活動に馴染んだだけだ。野生動物管理の領域で用いられる「順化」ということ

マルシューの町からほど近い凍ったボウ川で佇むオオカミ一家。

ジョンの車のそばで休息するスピリット。2009年12月撮影。

ノーケイ山の山腹からボウ渓谷を見下ろせば、バンフの町がハイウェイと鉄道で分断されているのがはっきりとわかる。

ばは、人間にとってやっかいな動物や野生生物にかかる否定的な枕詞だ。バンフで暮らすオオカミを形容するにはあまりにも不適切と言うべきだろう。彼らには、すみかとする土地の変化に順応していくほか選択肢はない。目の前を行き交う車を受け入れ、土足で踏み込む人間たちともうまく付き合わねばならない。バンフのオオカミたちの「順化」をめぐる議論は、私たちには無益に映る。そもそも「順化」と「順応」には大きな違いがあるのだ。

　ボウ渓谷で暮らすオオカミたちは長年にわたり、人間の見世物にされてきた。カナダ国内に生息するどのオオカミよりも、多くの人の目にさらされているのだ。そんな環境下で、彼らがすみかを何と

か確保しようと、戦略的な順応行動に打って出たとしても何ら不思議はない。事実、ボウ渓谷のオオカミたちの巣穴は、1日に何百台もの車が往来する道路など、人間がインフラ整備を施した場所からほんの200メートルから300メートルほどしか離れていなかった。

　考えてみてほしい。ボウ渓谷で生を受けたオオカミは、ほんの小さな頃から交通の騒音を耳にし、においを嗅ぎ、自動車やバイカーやハイカーたちを目にしながら成長する。いわゆる生息環境インプリンティングだ。もちろん、社会性や食糧も行動形成に重要な要素だ。とは言え、私たちがストームとアスター、キャシュティンとビッグワン、ナヌークとデリンダ、スピリットとフェイスといった、ボウ渓谷のすばらしいつがいに出会うことができたのは、まさしく生息環境性インプリンティングのおかげだった。彼らは、人間が敷いた道路に馴れ、自動車にも順応した。そして、人間が築いたインフラに馴染んだあとも、彼らが人間に対して敵意をあらわにしたり、威嚇的な行動を示したりすることはなかったのだ。

　国立公園の職員、野生動物管理者やカメラマン、そして一般の人々も、どうやら「順化」と「順応」を混同しているようだ。ドイツの動物行動学者、ドリト・フェダーセン＝ペーターゼンが、2004年の著書『Hundepsychologie（犬の心理学）』の中で、その違いを明示している。「順化」とは、適合や同調により適応度を向上させる特性であり、「順応」とは、終わりのない刺激に対して反応をやめるまでの学習プロセスを指す。

「順化」と「順応」──では本来の意味は?

　たとえば、オオカミが線路に沿って移動しているとき、電車が近づいてきてもその場から逃げ出さない場合、彼らは順化していると言える。しかし、同じ状況下で逃走の反応が見られれば、彼らは鉄道に順応しているのだ。人間に攻撃性や敵意を示さず、ニュートラルな姿勢で自発的にアプローチするのは、好奇心旺盛な「順化」したオオカミだ。しかし、物欲しそうな行動が見られれば、彼らは食べ物に条件づけられている可能性があり、突如攻撃的な行動に出る危険性も否めない。逆に、人間を避けて距離を保とうとするのは、人間の存在に「順応」したオオカミだ。

　何年か前、野生動物カメラマンがボウ渓谷の「順化」したオオカミに餌を与えようとしていたとして、パークス・カナダが問題にしたことがあった。幸いボウ渓谷では、食べ物目当てに人間に接近する個体は認められなかった。もしも、そんな個体が1頭でも見つかっていれば、オオカミたちは不幸な末路をたどっていただろう。「餌付けされたオオカミは死ぬ運命にある」のだ。

　2003年、イエローストーンを拠点とする生物学者のダグ・スミスが、次のように述べている。「開発が進んだ場所や人間の出入りが激しい土地で暮らすオオカミは、概して人間の活動やインフラに対する耐性が高いが、それでも人間との直接的な遭遇には恐怖心を示し、回避しようとする傾向にある。とは言え、そのようなエリアのオオカミたちが、人間の開発活動のそばで、道路を移動ルートにしたり、人間の行為にある程度の関心を示したりしても、種として

上段左:「64」と識別番号がつけられたヒグマが、2頭の子グマとともにボウ・ヴァレー・パークウェイ付近に姿を現した。2008年6月撮影。

上段右:ボウ渓谷のストーム山にある監視所付近に現れたコヨーテのつがい。

下段左:キャッスル・マウンテンのふもとで見かけた2頭の雄のオジロジカ。

下段右:大きなアメリカアカシカがボウ・ヴァレー・パークウェイの入り口に佇んでいる。かつてアメリカアカシカはオオカミの大切な獲物であった。

ごく自然な行動ととらえるべきだろう。それはあくまで、環境の変化に馴染もうとするオオカミの適応能力の表れなのだ」[注1]。まさにボウ渓谷で私たちが目にした光景だった。人間が支配する世界に順応し、ありのままの行動を見せるオオカミたち。野生動物を管理する立場にある人間がボウ渓谷のオオカミたちをつかまえて、「順化しすぎている」などと非難するのはまったくのお門違いなのだ。

ポール・パケット博士が以前、動物行動の分野に疎い野生動物管理者があまりにも多いと嘆いていた。同感だ。私たちがボウ渓谷で記録したのは、今ある環境に順応しようとするオオカミたちの姿だった。バンフのオオカミたちについて語るとき、「人間への順化」と「人間への脅威」に結びつけては誤解を生む。私たちの行動分析から見れば、それは誤った解釈なのだ。

行動観察を行った場所は?
調査エリアに生息する野生動物は?

フィールドワークの舞台は、主にカナディアン・ロッキーの中心、面積6641平方キロメートルを誇るバンフ国立公園内「特別保護地域」の境界エリアだった。公園内は、標高が1000メートルから3450メートルと起伏が激しい。しかし、私たちが最も重点的に観察を行ったのは、東はバンフの町から西はレイク・ルイーズの小村とスキー場までのボウ渓谷だった。その辺りの標高は1400メートルから1700メートルほどで、人口が集中するバンフの町には8500人が暮らしている。レイク・ルイーズの住民は800人ほどだった。

主要道路網であるトランス・カナダ・ハイウェイとハイウェイ93号南北線をはじめ、シーズンによって交通量が格段に増えるボウ・ヴァレー・パークウェイ(ハイウェイ1A線)や、トランス・カナダ・ハイウェイと並行するカナダ太平洋鉄道など、複数の交通機関が渓谷を分断している。

調査エリアは、自動車でやって来る観光客、ハイキングやサイクリング、スキーやキャンプ、ピクニックやショッピングを楽しむ人々でにぎわっていた。人出がピークを迎えるのは、ホテル、リゾート施設、キャンプ場、ピクニック場が営業を行う夏の数カ月で、天気の良い日には何万という人々が詰めかける。

交通網により分断されたボウ渓谷の調査エリアは、低山帯と亜高山帯が混在する生態ゾーンだ。ロッジポールパイン(学名:*Pinus contorta*)やベイマツ(*Pseudotsuga menziesii*)、カナダトウヒ(*Picea glauca*)などのマツ科の常緑針葉樹や、落葉広葉樹のアメリカポプラ(*Populus tremuloides*)が自生する。

渓谷には、シンリンオオカミ(*Canis lupus*)のほかに、カナディアン・ロッキーのさまざまな大型肉食動物が生息している。ヒグマ(*Ursus arctos*)やアメリカクロクマ(*Ursus americanus*)、クズリ(*Gulo gulo*)、ピューマ(*Felis concolor*)、カナダオオヤマネコ(*Felis lynx*)、そしてもちろんイヌ科の2種、コヨーテ(*Canis latrans*)とアカギツネ(*Vulpes vulpes*)の姿も見られる。プロジェクトを開始して間もない頃は、ボウ渓谷のオオカミたちの主な食糧と言えば、アメリカアカシカ(*Cervus canadensis*)だった。しかし、それも数年のうちに頭数が大幅に減ってしまった。主な原因

注1 国立公園局「イエローストーン国立公園における順化したオオカミの管理」(ワイオミング州イエローストーン国立公園・国立公園局)、11-

自動車に執拗に追われ、プレッシャーにさらされるひとりぼっちの子オオカミ。

は、鉄道やハイウェイでの高い事故死率と、パークス・カナダによる移送・間引きプログラムだ。私たちがフィールドワークを終える頃には、オオカミの狩りの対象がミュールジカ（*Odocoileus hemionus*）やオジロジカ（*Odocoileus virginianus*）、ビッグホーン（*Ovis canadensis*）、ヘラジカ（*Alces alces*）、さらにはシロイワヤギ（*Oreamnos americanus*）へと移行していた。

ボウ渓谷のオオカミやその他の野生動物への脅威とは？

　私たちが観察したオオカミは、スプレー一家をのぞき、ボウ渓谷になわばりの中心を据えていた。壮大な景色と野生動物、そしてバンフ・レイク・ルイーズ観光局などが展開する積極的なPR活動に引き寄せられ、渓谷には多くの観光客が詰めかける。

　とりわけ夏には、オオカミのなわばりに踏み込む人々の傍若無人ぶりが目立った。またここ数年で、マラソンからドラゴンボートレースまで、さまざまな商業イベントも開催されるようになっている。観光客はもちろん、地元民たちまでもが、車から飛び降りてはクマの親子やオオカミの親子を追いかけ回す。雄のアメリカアカシカにわずか数メートルまで近づき、流行りの「セルフィー」に夢中になっている者。愛らしいコヨーテの赤ちゃん見たさに、巣穴の上で激しく足を踏み鳴らす者……。この5年間というもの、ボウ渓谷では誰もがやりたい放題で、まるで19世紀の西部開拓時代にタイムスリップしたようだった。

　しかし、開拓時代の西部と違うのは、そこに「保安官」がいないことだ。国立公園の管理者はただそこにいて、事の成り行きを傍観している。ときどき、スピード違反で切符を切られるなど、違反者はそれなりの「教育的指導」を受けるが、実際に罰金が徴収されることはめずらしい。人間の行為に対する取り締まりは無いに等しかった。

　バンフのヒグマがきわめて高いストレスレベルにあることは、研究でも明らかになっている。人間の出現により、クマやオオカミたちはこれまで以上に食糧の確保に苦労するようになった。何百万という人々が公園に押し寄せるのだから、そのストレスは計り知れない。それに対して、公園の野生動物管理者たちは今日に至るまで、解決策を講じてもいない。彼らの目的は、ボウ渓谷に残された手つかずの自然を次世代に残すことではなく、目先の商業的利益なのだ。

　そんな環境は、オオカミやクマ、クズリなどの繊細な野生動物に

大きな負担となっていた。渓谷で暮らす野生動物の命は、土地開発やビジネスや観光業を優先したインフラ整備の前に軽んじられる。カメラマンのピーター・デットリンとの共著書、『Auge in Auge mit dem Wolf (Eye to Eye with the Wolf)（オオカミの目を見つめて）』（2009年）の序文で、ポール・パケット博士が次のように語っている。「ボウ渓谷で暮らすオオカミたちのささやかな生活は、身勝手な人間の商業活動やレクリエーションの欲求に呑み込まれてしまう。この疲弊した環境はもはや、荒れ野にわずかに残されたオオカミたちの『ゲットー』なのだ」。実際、オオカミが渓谷で生き延びることは難しく、オオカミの家族も短命だ。しかし、パケット博士のようにバンフの現状を発信しようという勇気ある者は少ない。

カメラマンのジョン・E・マリオットとの出会いは？

　カリンと私がジョンと出会ったのは、2007年秋、ボウ・ヴァレー・パークウェイでのことだった。彼は渓谷のオオカミ観察仲間であるカメラマンのピーター・デットリンと一緒だった。ピーターを介して知り合った私たちは、ボウ渓谷のオオカミ一家、とりわけ私たちが「ターボ・クイーン」という愛称で呼んでいたエネルギッシュな雌、デリンダの動向をともに見守るようになった。

　しかし、そのデリンダが2008年8月、トランス・カナダ・ハイウェイで車にはねられて死んでしまう。それを契機に、ボウ一家は

少しずつ一体感を失いはじめた。翌年の秋を迎える頃、ボウ渓谷の一族の時代に終止符が打たれ、パイプストーン一家にとってかわられた。一家が離散したあと、ピーター・デットリンは執筆に専念し、渓谷のオオカミたちの姿を描いた著書『The Will of the Land（大地の願い）』（2010年）を出版した。ジョンがカリンと私のプロジェクトに参加するようになったのも2009年の秋だった。私たちは新たに勃興したオオカミ家族、パイプストーン一家の調査に取りかかろうとしていた。

　ジョンと私たちは多くの時間をともにした。夜明け前に車に乗り込み、日が完全に沈むまで、足跡や糞尿などオオカミの痕跡を探し続ける（ジョンは道路から外れたオオカミの足どりをたどり、移動ルートと習性を追った）。ジョンがシャッターを切り、私たちはビデオを回す。辺りがまだ暗やみに包まれる未明に出発し、すっかり暗くなってから引き上げる毎日。そんな数カ月にわたるフィールド

エネルギッシュな「ターボ・クイーン」、デリンダ。

ワークは4年続いた。

しかし、何がジョンをそこまでさせたのか。情熱か、はたまたオオカミ中毒か……。実際のところ、どうやらその両方だったようだ。

今では笑い話だが、ジョンに出会った当初は正直、カメラマンを増員するつもりなどさらさらなかった。すでにピーターが私たちに手を貸してくれていたし、そこにわざわざもう1人加える必要性を感じていなかったのだ。

しかし、ジョンは人間性だけでなく、野生動物カメラマンとしての腕も秀逸だった。行動学的に重要な状況をとらえる確かな目を持っている。プロジェクトを通して知り合ったほかの多くの野生動物カメラマンと一線を画していた。オオカミの行動に純粋な興味を持ち、行動に関する質問をしょっちゅう投げかけてくる。「アルファ」の話題に触れたときなど、どうして「アルファ・ウルフ」という語を使わないのかと質問攻めにあった。それに彼には、野生動物カメラマンとして最も大切な「忍耐力」があった。オオカミに対しても、またシャッターを切るタイミングを計るときも、驚異的な辛抱強さを発揮する。オオカミと一定の距離を保ち、決して追いかけたりしない。ほかのカメラマンとは一味も二味も違っていた。

そんなジョンが撮影した数々のすばらしい写真が、オオカミの真実を本書でも伝えてくれている。

野生オオカミの社会構成は？
また「アルファ」という表現を用いない理由は？

ドッグトレーナーでもある私たちは、「アルファ・ウルフ」という言葉を以前からよく見聞きしていた。そして、私たちもやはり、1匹の雄がオオカミ社会で絶対的な地位を確立していると思い込んでいた。つまり、オオカミの群れでは「雄のアルファ」が万事の決定権を掌握しているという従来の考え方だ。しかし、それはただの神話だった。私たちの目の前で「アルファ」の定義が音を立てて崩れ落ちたのは、1998年から1999年の冬のことだった。

私たちはその冬、カスケード一家を観察していたキャロライン・キャラハンとスティーヴ・ワドロウに誘われて、彼らのセントラル・ロッキー・ウルフ・プロジェクトに参加していた。凍った湖の上で眠るオオカミたちを見守っていると、発信機付きの首輪をつけたスモーキーグレーのオオカミがふいに起き上がった。すると、まるでその行動が波及するかのように、ほかの10頭あまりのオオカミたちもみな一斉に立ち上がった。群れの行動をリードするグレーのオオカミは一体何者なのか。

むろん私は、そのオオカミが雄のアルファで、一家がその動きに反応したのだと考えた。「アルファ・ウルフ」と思しきオオカミは足早に歩き、残りのオオカミも同じ歩調でそれに続く。500メートルも進んだだろうか。先頭を行くオオカミが立ち止まってその場に寝そべり、ほかのオオカミもそれにならった。私はキャロラインとスティーヴにこう言った。「ほら、まさにアルファ・ウルフの典型

的な行動だよ！」しかしそれは、私のオオカミ行動リサーチのキャリアにおいて最も軽率な発言だった（それ以来、状況をきちんと把握し理解するまでは、決して無駄口を叩かぬよう気をつけている）。

その直後、高倍率望遠鏡をのぞくキャロラインが発した言葉が、私の耳に突き刺さった。「先頭のオオカミは雄じゃない。雌よ！」雌と判明した発信機つきの「アルファ」は、「ベティ」と名づけられた。そして、そのベティこそが、一家の意思決定を下すリーダーだったのだ。

その場にいた私たちが全員、2頭のアルファを見誤った。頭にこびりついた「アルファ神話」のせいで、その行動と毛色から、同じく発信機をつけられていた雄のアルファ、「ストーニー」だととっさに判断したのだ。2頭の体格がそっくりだったせいでもある。1999年の夏には、キャロラインによる「2頭はきょうだい」説も見事に砕け散った。ベティはストーニーのパートナーだったのだ。つまり、2頭が同時にカスケード一家の頂点に君臨していることになる。雌のオオカミが一家を束ね、「パック（＝群れ）」という共同体の行動を決定したり、あるいはその権限をほかの者に委ねたりしている。おもむろに立ち上がり、行き先を決めて群れを率い、目的地に到着すればそこに寝そべる。そんなベティの行動が、「アルファ＝雄」の神話を打ち砕いたのだ。

そんな発見からおよそ1年後、私はオオカミ研究の世界的権威、デイヴ・メック博士の学術論文を読んだ。博士もその論文の中で「アルファ・ウルフ」の概念に疑問を呈し、代わりに「親子間組織支配」の概念を提唱していた。これについては、のちにあらためて

リーダー格の雌フェイスは、同じく雌のデリンダと同様、パイプストーン一家の決定権を握る重要な立場にあった。従来の「アルファ雄」の概念を覆す新事実だった。

複数世代から成る典型的な野生オオカミの家族、パイプストーン一家の面々が、凍りついたバックスワンプの湿地を渡っている。先頭を行くのはリーダー雄のスピリットで、そのあとにユマ（生後7カ月）、ブリザード（2歳半の雌）、ディンゴとジェニー（ともに生後7カ月）、フェイス（リーダー雌）、キミ（生後7カ月）が続く。2011年11月撮影。

触れたいと思う。残念ながら今日でもなお、パークス・カナダは「アルファ・ウルフ」「ウルフ・パック」「パック・リーダー」という表現を使い続けているし、オオカミと聞けばたいていの人が、雄のアルファに支配される群れと、「高い攻撃性」を身につけたオオカミの姿を思い浮かべるだろう。フェイスブックをながめていても、アルファ・ウルフの役割や毛色による見分け方（これもまた迷信だ）、「支配的」な姿勢と性質について、まことしやかに書かれた投稿や意見に出くわすことが多い。

しかし、「支配」は行動特性ではない。継続的にその能力が試され、評価されるものだ。人間の世界でも、喧嘩で1度相手を打ち負かしたとしても、優位性は一時的なものに過ぎない。2日後に同じ相手と戦えば、優位性が相手の手にわたってしまうこともあり得る。ドイツのドッグトレーナーでさえ（北アメリカでも然り）、飼い主にアドバイスをする際、いまだに「アルファ気質」の概念を持ち出す。しかし、ベティとストーニーという実在の「アルファ・ペア」の行動を目撃した私たちは、野生で暮らすオオカミ一家（パックではなく家族）が、集団志向の高い社会的組織として、繁殖、食糧などの資源の確保、危険の回避など、必要に応じて適切な個体の指示の下で動くことを知った。野生オオカミの家族はふつう、2世代から3世代で構成されている。

バンフで観察したオオカミ家族のほとんどは、親子間組織支配によって社会的秩序を保っていた。ときには寄せ集めの家族や、子育てをするシングルマザーかシングルファーザーを見かけることもあったが、それはあくまで例外的なケースだ。成獣だけで成る野生

のオオカミ家族は少ない。そのほとんどが、一家の意思決定権を掌握し、繁殖する1組のアルファ・ペアと、彼らの間に過去2年のうちに誕生した子オオカミとで形成される社会性の高いグループだ。

もちろん例外もある。のっぴきならぬ状況下（序列上位の繁殖する個体の死など）では、縁もゆかりもない個体が一家の中に入り込み、年老いて権力を失った個体にとってかわることもある。私の研究仲間であるイエローストーン国立公園のエリ・ラディンガーも、そのような例を何度か目撃していた。こうした「ストレンジャー」たちは、グループ内で伴侶を見つけ、その後も繁殖のために留まることがある。また、ダグラス・スミスがイエローストーンで行った研究では、繁殖ペアの雌だけでなく、ほかにも2、3頭の雌が定期的に交尾する例も見られたようだ。

バンフでもよく似た繁殖行動が記録された。1995年の夏、繁殖雌のアスターと彼女の娘であるブラックが協力し、1つの巣穴の中で互いの子供を育てていたのだ。驚いたのは、母娘が仲良く子育てをするだけでなく、アスターが8頭すべての子に吐き戻した食べ物を分け隔てなく与えていたことだ。アスターの5頭の子は、ブラックの子よりも10日から14日ほど誕生が早かった。1999年の春には、パンサー一家の身重のオオカミが、野焼きに巻き込まれて命を落とした。燃えさかる炎があっという間に拡がり、一家の巣穴エリアを呑み込んだのだ。パンサー一家の10歳の繁殖雌ベティは、それでも自分の子を守り抜いた。グレーの雌だった。その年、パンサー一家で命をつないだ子オオカミはその1頭だけだった。

野生オオカミの世界（そしてその社会的・情緒的生活）はときに

謎めいて見える。しかし、協力して子育てをする雌の姿などからは、家族の繁栄のためなら自己犠牲もいとわないオオカミたちの優れた社会性が垣間見られる。2頭の雌が共同で子育てをし、序列下位のオオカミでも繁殖雌になり得るという事実は、従来の「アルファ」の定義を根底から覆した。デイヴ・メックは、今後「アルファ・ウルフ」という表現は、3世代以上、2腹以上のきょうだいを含む群れにのみ用いられるべきだと言う。そのような状況下では、親子間組織支配を実践する母親が、下位の雌の繁殖と子育てを許容する体系が出来上がっているのだ。

○「アルファ」という語がいまだ広く用いられるのはなぜか?

オオカミ社会には「アルファ」から「オメガ」までの序列が存在すると信じて疑わない人も多い。彼らは、オオカミの社会的構造に関する情報や、「ウルフ・パックの序列」「アルファ雄」「パック・リーダー」という表現が散見される書物が、囲いの中で暮らす囚われのオオカミがモデルになっていることを知らないのだ。動きを制限された囲いの中の「パック」を観察したところで、オオカミのリーダーシップ行動の解明は望むべくもない。結論から言うと、野生のオオカミ家族における序列の線引きは、囲いの中のオオカミほど顕著ではないのだ。

そして、そこに誤解が生じる。動物学者のルドルフ・シェンケルとエリック・ツィーメンは、野生オオカミとは違い、囚われのウルフ・パックには、アルファ雄が頂点に君臨する上下関係(アルファ、ベータを筆頭とする最下位オメガまでの序列)がたしかに存在すると結論付けている。複数世代が集まる囲いの中では、社会的・情緒的緊張が高まる繁殖期でさえ、1頭たりともパックから抜け出すことができない。野生のオオカミのように自らの意思で散り散りになることもできず、その社会的構造も野生本来の姿からずいぶんかけ離れている。囲いの中の活動には限界がある。狩りもできず、エネルギーをもてあます。その生活はきわめて退屈で、仲間内で食糧などをめぐる争いが毎日のように勃発する。1999年にメックが語っているとおりだ。

オオカミたちの食糧は?

バンフのオオカミたちの主要な獲物はアメリカアカシカだ。5頭の家族なら、平均5日から7日でアメリカアカシカの成獣1頭を食べ尽くしてしまう。有蹄動物の死骸に群がるライバルは、オオヤマネコやクマ、コヨーテ、アカギツネ、テン、イタチ、ワタリガラスやカササギなど10種を超えるが、オオカミは1頭につき1日およそ2キログラムの肉を食べ、ときには獲物を捕らえた直後に8キログラムも平らげてしまうこともある。アメリカアカシカの肉、皮ふ、毛皮はもちろん、腸内に残った草までも、あっという間に食べてしまうのだ。たいていは序列上位にあるオオカミが獲物に最初に口をつけ、心臓や肝臓などの栄養価の高い上等な部位を優先的に食べる。

繁殖ペアのうち、雄が雌よりも3、4歳年上である場合は、雄が先に獲物を食べる権利を行使するようだ。しかし、繁殖期を経て妊

ボウ・ヴァレー・パークウェイ沿いのヒルズデール・メドウに現れた雄のアメリカアカシカの群れ。2007年12月撮影。

ヒルズデール・メドウでジャンプを繰り返しながらネズミ狩りをするブリザード。

娠した雌も、負けじと獲物に対する支配欲を示す。出産後はその傾向をさらに強め、子の父親に対しても攻撃的な態度を見せはじめる。子に食べさせてやるのも母親の大切な仕事なのだ。

気候の良い穏やかな日は、狩った動物の死骸を谷底に残し、日当たりの良い丘の上で休息する。エリック・ツィーメンによると、それが消化を助けるための知恵なのだという。拙著『Auge in Auge mit dem Wolf (Eye to Eye with the Wolf)（オオカミの目を見つめて）』でも述べているが、年老いたオオカミは平均7、8時間も休息をとってから、ふたたび死骸のある場所へと向かう。序列下位のおとなと1年子は、3、4時間ほどで食糧置き場へ戻っていく。ごちそうからなかなか離れようとしないのが1歳未満の幼い子供たちで、ときには前の食事から2時間も経たないうちに「おやつ」の時間が始まることもある。獲物が少ないとき、特に巣穴の周辺で過ごす子供たちに食糧を運ばねばならない夏の間は、ベリー類などの植物で空腹をなだめるおとなたちの姿も見受けられた。本来獲物とする種を思うように狩れない状況下では、高い柔軟性と日和見主義を発揮し、狩れる獲物は何でも容赦なく襲うのだった。

長い狩りに出るオオカミたちのエネルギー源について以前から疑問を持っていた私たちは、バンフのオオカミたちがカンジキウサギやジリス、野ネズミなどの小動物を多く狩っていることを突き止めた。単独でげっ歯類を狩ろうと何時間も跳ね回る姿を見たこともある。ハイウェイや線路沿いを定期的に「パトロール」し、そこで死に絶えた動物を探すのも、ボウ渓谷で暮らすオオカミならではの行動だった。

狩りや子供の世話をするとき以外のエネルギー循環についても触れておこう。普段は日の出の1時間ほど前に目覚め、午前10時くらいまで活動をする。それから数時間の休息に入り、おとなはそのまま夕方頃までゆったりと過ごす。一方、1歳未満の子供たちは元気に動き回っていた。オオカミの活動レベルは気温の影響を多分に受け、気温が低ければ低いほど活発になる。私たちが観察したオオカミたちも、気温が高いときは移動範囲を極端に制限していた。暑い夏の間は、早朝と夜間が最も活動的だ。しかし、暗視装置を持たない私たちは、その時間帯にフィールドワークを行うことができなかった。

2009年12月、
キャッスル・マウンテンの東に
「新顔」たちがやって来た。
生後8カ月のブリザードを先頭に、
母親のフェイスと雌の子、
レイヴンが続く。

ボウ渓谷の北東部は荒涼とした
パイプストーン渓谷と一部隣接し、
パイプストーン渓谷はさらにレッドディア川の流域を含む
国立公園の辺境まで続いている。
オオカミたちは、その僻地一帯とボウ渓谷とを
行き来していると考えられていた。
つまり、国立公園の北に位置する高山地から
レイク・ルイーズのそばを流れるボウ川までのエリアを
パイプストーン川に沿って移動しているということだ。

2 パイプストーン一家の勃興

2008年6月、公園にやってきた観光客が、パイプストーン渓谷で撮影したという写真を見せてくれた。ボウ渓谷一家のメンバーではない、繁殖雌らしきオオカミが写っている。それから間もない2008年12月下旬、ボウ渓谷を10年以上支配してきたボウ一家とは別の家族が、突如として渓谷に現れた。一家のリーダー雌はどうやら、私たちが「フェイス」と名づけた写真のオオカミのようだ。フェイスの家族がパイプストーン渓谷からやって来たのだ。私たちは彼らを「パイプストーン一家」と呼ぶことにした。彼らはわずか1年のうちにボウ渓谷でなわばりを確立し、その後5年にわたって渓谷を支配することになる。

パイプストーン一家のはじまり

パイプストーン一家の姿をこの目で見るまで、彼らの拠点はバンフ国立公園のベイカー湖付近だろうと考えていた。6月に見た繁殖雌の写真は、その近隣のパイプストーン渓谷で撮影されたものだったし、2008年の8月から9月にかけて、ベイカー・レイク周辺で子オオカミの遠吠えを聞いたという情報も入手していた。遠吠え情報の発信元は、公園にやって来た観光客ではなく、信頼のおける動物学者だった。私たちはその情報をほかの誰にも洩らさなかったし、パークス・カナダも一家の存在を知らなかった。メディアやインターネットで情報が拡散し、余計な注目を集める事態だけは避けたかった。野生に暮らすオオカミたちの生活を何者にも邪魔させたくなかったのだ。しかし問題は、辺ぴなエリアで繁殖する新しいオ

オカミ一家について、それ以上の情報が得られないことだった。彼らの動向をこの目で確認できず、苛立ちが募った。

2008年の夏、新しいオオカミ一家の情報を得た私たちは、ボウ渓谷のオオカミ観察と同時進行で基本データの収集を開始した。カリンと私は2008年から2014年まで、実地でオオカミ観察を続けた。日数にして1995日間、時間にして20947時間。平均すると1日のうち10.5時間をオオカミ観察に費やしたことになる。3日に1度は少なくとも1頭を目にしたが、一家が勢ぞろいする場面にも頻繁に出くわした。

パイプストーン一家にはじめて遭遇したのは、2009年3月の終わりのことだった（それまでは痕跡しか見つけることができなかった）。キャッスル・マウンテンのジャンクション付近で高架下通路を歩いているところに出くわしたのだ。わずか30秒足らずの出来事だったが、すっかり意表を突かれ、呆然としたのを憶えている。まさかボウ渓谷で別のオオカミ一家に遭遇するとは。その後、オオカミ探索犬のジャスパーがオオカミの新しい足跡を見つけてくれた。7頭分の足跡だった。一番大きなもので長さ12.8センチメートル、幅8.3センチメートルもあった。かなり大型の比較的年配の雄のものだろうと私たちは見当をつけた。

その冬、単独で行動するオオカミをあちこちで見かけたが、それ以上の収穫はなかった。しかし、カリンと私は2009年6月、ボウ渓谷のベイカー・クリーク周辺で、授乳期を迎えた濃いスモーキーグレーの雌がシカの脚を運んでいたという目撃情報を得た。濃いグレーの繁殖雌……。ボウ一家のメンバーではなさそうだ。彼らの

巣は30キロメートル以上も離れているし、一家の繁殖雌「フラッフィー」の毛は淡いグレーだった。フラッフィーは2009年4月15日に一家の巣穴へ入り、無事に出産していたはずだった。私たちも5月28日に、ボウ渓谷の巣穴エリアで5頭の子オオカミを確認している。黒の雄が3頭に、黒の雌が1頭、そしてもう1頭は茶褐色の雌だった。

フラッフィーは2009年2月上旬頃から、実の父親であるナヌークとつがいを形成していた。野生の世界では近親交配はめずらしい。しかしフラッフィーが、それが実際に起こり得ることを証明してくれた。ただ、この特殊なケースが発生した裏には事情があった。2008年8月、ナヌークは長年連れ添った伴侶、デリンダ(フラッフィーの母親)を亡くしていたのだ。2008年から2009年の冬、繁殖期を迎えたナヌークは、新しいパートナー探しに奔走するも失敗。そしてそれがボウ一家の終わりの始まりだった。デリンダの死をきっかけに、一家の社会的構造はほころびはじめた。その後もナヌークの目撃情報を何度か耳にした。前の脚と甲に深い傷を負った黒い雄のオオカミが、ストーム・マウンテンで足をひきずりながら歩いていたと。ナヌークに何があったのかはわからない。しかし、2009年3月にレイク・ルイーズ付近で目撃されたのを最後に、その消息は途絶えた。

ボウ一家は相次ぐ不慮の事故に見舞われた。一家の行動圏は狭まり、フラッフィーも慣れ親しんだボウ渓谷西部のなわばりの一部をあきらめなければならなくなった。2009年6月、ボウ渓谷の巣穴エリアに突如、2歳くらいの黒い雄のオオカミが姿を現した。フ

深く降り積もった雪に埋もれるフラッフィー。父親のナヌークとつがいを形成して間もない頃。2009年2月撮影。

ラッフィーに伴われてやって来たのだ。その新顔がどこから来たのか私たちには皆目見当もつかなかった。フラッフィーが子育てに苦心している最中の出来事だった。

そんな中、フラッフィーとともに巣穴付近に姿を見せたあの黒いオオカミが、ファイブ・マイル・ブリッジ付近のトランス・カナダ・ハイウェイで命を落とした。2009年7月のことだった。新米ママの2歳のフラッフィーはふたたび、すっかり狭くなったなわばりの中で、単独での子育てを強いられた。交通が激しいボウ・ヴァレー・パークウェイとトランス・カナダ・ハイウェイに東西をさえぎられ、南を93号線で分断されたエリアだ。車両の往来がフラッフィーの狩猟能力を低下させていた。観光客が劇的に増加する夏の間、切羽詰まった彼女はげっ歯類を狩り、線路脇に自生するキャノーラの種を食べて飢えをしのいだ。

7月末から8月にかけて、ボウ渓谷で暮らすおとなのオオカミの糞を調べた私たちは衝撃を受けた。ありとあらゆるベリー類が検出されたのだ。フラッフィーにとって、夏はまさに地獄だった。しかしその後、最大の悲劇が彼女を待ち受けていた。8月下旬、ハイウェイ93号南線で車にはねられたのだ。子供たちは母親を失った。8月の終わりの時点で生存を確認できたのは、茶褐色の雌の子オオカミ1頭だけだった。すっかり痩せこけたその姿から、彼女のきょうだいがみな餓死してしまったことは想像に難くなかった。生き残った子オオカミを最後に見たのは同年9月の半ば、アカギツネのつがいが巣を作り、3頭の子供たちを育てるムース・メドウだった。フラッフィーがアカギツネ一家の存在を知りながら、寛大に受け入

れていたことも無関係ではなかったはずだ。

こうして、ボウ渓谷におけるボウ一家の時代は静かに幕を閉じた。そして、そのあとを継ぐように現れた新しいオオカミ一家が、すでに活発な姿を見せはじめていた。

「新顔」たちの順応行動戦略

「新顔」たちをより深く知りたいと考えた私たちは、食糧を運ぶ雌が目撃されたエリアに重点を置いて観察をスタートさせた。そして、観察開始から2、3週間が経ったある日、私たちは1頭の大きな雄と、1歳くらいの2頭のオオカミを目撃する。2009年の秋には、ベイカー・クリークに近いボウ渓谷の西部だけでなく、ボウ一家の巣穴がある東部エリアでも一家に遭遇し、ついにすべての個体をフィルムに収めることに成功した。彼らのランデブーサイトは西部エリアにあったが、最終的にはほぼ毎週のように、渓谷を東西に往復するようになった。幸いその頃はまだ、この新しい一家の存在を知るのは私たちだけだった。

空気中に臭気が漂っていたらしい。ある日、オオカミ探索犬のティンバーがそれを嗅ぎつけ、私たちに知らせてくれた。それからというもの、彼らの姿をしばしば見かけるようになった。彼らにとっては正体不明の「鉄の物体」が道路を行き交うすぐそばで、2、3頭がお気に入りの草地に横たわっていた。

パイプストーン一家が人工の環境に順応するまで、それほど時間はかからなかった。自動車や鉄道や巨大な観光産業に侵されたボウ

ベイカー・クリーク周辺に現れたスピリット。2009年12月撮影。

渓谷に比べれば、彼らがもともと暮らしていた奥地や小さな渓谷は、人間の気配とはほぼ無縁だったはずだ。そう考えると、彼らの順応能力は驚異的だと言うほかない。しかし彼らはなぜ、静かで平和だったはずの暮らしを捨ててここにやって来たのだろう。答えは藪の中だ。とにかく、彼ら自身がその土地を去る選択をしたのだ。

開発が進んだボウ渓谷をパイプストーン一家が支配していくさまに、私たちはただ目を見張るばかりだった。彼らはなぜいとも簡単に順応できたのか——その答えを見つけるのも容易ではない。ただ、過去の観察から、整備が進んだボウ渓谷のインフラがオオカミたちのエネルギーの節約に一役買っていることは推測できた。人間が敷いた道路を行けば、長い距離を短時間で移動できる。しかし、一家が人の気配に満ちたこの地に移り住んだ理由は、どうやらそれだけではなさそうだった。ボウ渓谷では、何十頭もの有蹄動物が列車にはねられ屍となる。つまり、オオカミたちは手っ取り早く食糧を手に入れることができるのだ。人間活動による騒音に包まれた環境にはじめて足を踏み入れたオオカミも、狩りをせずして食糧を見つけられることを即座に学習する。それにボウ渓谷の谷底は、国立公園の奥地や高地にある渓谷に比べて冬の寒さもゆるく、豊かに自生する植物目当てに有蹄動物が集まってくる。オジロジカやオグロジカ、ヘラジカ、アメリカアカシカなどが多く生息する場所では、オオカミが食いっぱぐれる心配もない。

それに加えて、ボウ渓谷の周辺には水場が多く、子育てに適したエリアが多く見られる。そのため、おとなのオオカミは狩りや「死骸パトロール」にも出かけやすい。また、ランデブーサイトに適した安全な場所も多数あり、子供を置いたまま鉄道沿いまで出かけ、安心して食糧調達に励むことができる。

オオカミが新しい土地に順応するための条件とは何か。オオカミは豊かな自然と手つかずの荒野を好むのではないのか。オオカミは自然の純度を測る「環境指標種」だとも言われている。しかし私たちのようなヨーロッパ人は、その説にどうもピンとこない。手つかずの荒野と呼べる土地が少ないドイツでは、人間が支配する土地のただ中で280頭を超えるオオカミが暮らしている。オオカミだけではない。シカやイノシシの姿も国内のいたるところで見られる。ドイツでは、テンやアカギツネ、ハトなどを含むそんな種を「Kulturfolger」（「文明を追う者」などの意）と呼ぶ。人間と長年共存し、順応度がきわめて高い動物（人工の土地に暮らし、人間

ボウ・ヴァレー・パークウェイ脇で休息をとるブリザード。2009年12月撮影。

の居住地に深く関わる動物）を指すドイツならではの表現だ。ロッキー・マウンテンのオオカミたちにとって、エネルギーを節約できる道路や、「ただ飯」を提供してくれる鉄道があるボウ渓谷は、そう悪くない居住地なのだろう。

また、山あいで暮らすオオカミたちにとって、谷底が重要な役割を果たしていることも忘れてはならない。雪が舞い散る冬の間、彼らは高地から谷底へと有蹄動物を追い込んで仕留めるのだ。

2009年、パイプストーン一家は人間が支配する新しい環境に馴染みはじめた。無駄に体力を消耗する高低差の激しい奥地よりも、ボウ・ヴァレー・パークウェイやカナダ太平洋鉄道の線路沿いを移動できる環境のほうがより有益だと感じたのだろう。道路や線路脇では、獲物となるシカやヘラジカなどが草を食んでいる。オオカミは春から初夏にかけて、生まれたばかりの子供たちに一定間隔で食事を与えなければならない。不規則的な食事は免疫システムに悪影響を及ぼす。オオカミが単独で、または少数グループで活動する初夏の時点では、一家の社会的構造や年齢、雄雌の構成比を判断することはできなかった。

ボウ渓谷にやって来たパイプストーン一家は、あらゆる側面に素早く順応していった。驚異的だとしか言いようがない。新しい土地にやって来たオオカミが、先住オオカミのなわばりに抵抗なく溶け込むことができるのは、すでに確立された移動ルートを嗅覚で探知できるからだと私たちは考えている。彼らはその移動ルートを使いながら、ほかのオオカミ群の有無を確認しているのではないだろうか。ほかのオオカミの気配が感じられなければ、移動ルートを含む

なわばりを破竹の勢いで支配してしまうのだ。

パイプストーン一家の面々

2009年の秋が深まるとともに、私たちはより集中的な行動観察を行うようになった。その頃、パイプストーン一家のなわばりは、ボウ渓谷からボウ・ヴァレー・パークウェイの東口、ファイブ・マイル・ブリッジまで拡大していた。一家が総出で移動するようになると、1992年からバンフで観察してきたオオカミたちと同じく、彼らの性別、社会的地位、毛色、個々の性格、おとなと子供の性質の違いまで見極められるようになった。

私たちはまず、パイプストーン一家の繁殖ペアを特定するために、マーキング（においづけ行動）に注目した。なわばりの保全と社会的な結束を目的としたマーキング、あるいはその上ににおいを重ねるオーバーマーキングは、社会的地位の高い個体のみに許される特別な行為だ。わずか1歳を迎えたばかりのオオカミや幼齢期の子オオカミには、そのような行動は見られない。この決まり事さえ知っていれば、実地調査の新米でも、オオカミ一家の繁殖ペアと従属メンバーを簡単に見分けることができるはずだ。

私たちは最初の半年で、一家のランデブーサイトに授乳期の雌と大型の雄、1歳くらいの黒とグレーの個体が1頭ずつ、さらに子オオカミが5頭いることを確認した。子オオカミのうち4頭は黒で、1頭がグレーだった。しかし残念ながら、黒の1頭とグレーの1頭は命をつなぐことができなかった。それに、5頭が誕生する前の

2009年3月に確認した7頭のうち、3頭が行方知れずになっていた。

　2009年9月2日、数頭のおとなと生後5カ月を迎えた3頭の子オオカミが、ランデブーサイトをあとにした。それ以降、一家そろって行動する姿を頻繁に見かけるようになる。観察の結果、後ろ脚を掲げて岩や木の切り株などの突出点にマーキングする1頭の雄と、片脚を上げてしゃがみ込みながら同じ場所にマーキングを重ねる1頭の雌を特定することができた。その2頭が一家の繁殖ペアと考えて間違いなさそうだった。

　先にも触れたように、私たちはそのつがいをスピリットとフェイスと名づけた。おそらくスピリットが4歳、フェイスが3歳くらいだ。スピリットは、ボウ渓谷の先住一家を率いていたナヌークほど背は高くないが、ひきしまった立派な体に淡いグレーのアクセントが入ったダークグレーの毛皮をまとっていた。パートナーのフェイスは平均的な大きさで、毛の色はダークグレーだった。特別大きいわけでも、すらりと長い脚を持っているわけでもなかったが、勝ち気なリーダー気質を全身にみなぎらせている。フェイスはすぐに絶対的な意思決定者として、一家の中心に君臨するようになった。

　パイプストーン一家で下位にあたる成熟期を迎えた息子たちのうち、起立姿勢で排尿するのは「チェスリー」と「ローグ」だった。チェスリーは脚がすらりと長く、オオカミらしいグレーの毛を持つ大型のオオカミだった。堂々と力強い印象のチェスリーに対し、ローグはやや小柄で臆病な性格だった。

　4頭のおとなたちのうしろをついて回るのは、いたずら盛りの子供たちだ。オオカミ社会の「現実」をまだ知らない幼い彼らは、何事に対しても興味津々で首を突っ込む。体格はおとな並みに成長していても、その顔つきには幼さが残っていた。ジョンは雄の子を「スコーキー」と名づけ、カリンと私は2頭の雌をそれぞれ「ブリザード」「レイヴン」と名づけた。スコーキーは2頭の姉妹よりも排尿行動の回数が多かった。

においづけ行動

　動物学者のデヴラ・クレイマンは、今から50年も前に「においづけ行動」を明確に定義した。「排尿、排便、あるいは腺分泌物の放出によるにおいの沈着」という説明だったと記憶している。イヌ科動物のマーキング観察は困難をきわめる。定期的に彼らを見つけなければならない上に、マーキングの目的も多岐にわたっていた。

　オオカミ社会では、糞尿によるマーキングが、性別や生殖状態、社会的地位、年齢や性格、オオカミ家族の構成など、さまざまな情報を伝達する。

　世間では、アルファ雄のほうがアルファ雌よりもマーキング回数が多く、序列上位の雄が同じく上位の雌よりも頻繁に特定の場所に尿をかけるとの学説が浸透している。また雄は、雌のマーキングにオーバーマーキングすることで雌を支配するとも考えられているようだ。しかし、私たちはどちらの説にも賛同できない。なぜなら、私たちはこれまで1度も、一家の「父親」が「母親」を威嚇したり、敵対行動を見せたりする場面に出くわしたことがないからだ。私たちの目にはむしろ、繁殖ペアがなわばり防衛のために協力してマー

左上:ジョンが新たなオオカミ一家に出会い、撮影を始めた頃のスピリットとフェイス。2009年12月上旬撮影。

右上:アメリカアカシカの毛皮の塊に興味津々のレイヴンとブリザード姉妹。2009年12月撮影。

下:キャッスル・マウンテン付近の小道に沿ってマーキングをするスピリット。

キングを行っているように見えた。スピリットとフェイスは、なわばりの境界線よりも、なわばり内の交差点や小道の合流地点にマーキングすることが多かった。2頭はまた、木の切り株、岩、堆雪の上などに、尿や糞をわざわざ残した。おそらく彼らは嗅覚的なメッセージだけでなく、視覚的なメッセージも残そうとしていたのだ。「固い絆で結ばれた繁殖ペアがここを通ったぞ」と。

　パイプストーン一家の観察を始めた2009年の終わりには、合計680回のマーキングを記録した。288回の直接観察の結果、スピリットとフェイスの尿によるマーキングまたはオーバーマーキングの回数がほぼ同じであることがわかった。防衛的な意味合いのマーキングは、なわばり内で182回、なわばり外では106回観察された。なわばり内ではスピリットが92回、フェイスが90回で、なわばり周辺ではスピリットが55回、フェイスが51回だった。つまり、なわばり内では雌が、なわばり外では雄がマーキングをするという説も覆されたのだ。

　こうした観察結果は、繁殖ペアのスピリットとフェイスにとって、マーキングが非常に重要な嗅覚的・視覚的情報伝達手段であることの裏付けとなった。

　スピリットとフェイスは、狩った獲物の死骸をはじめ、骨や毛皮の一部などにもマーキングを頻繁に行っていた。動物の死骸へのマーキング回数は、スピリットが139回、フェイスが131回だった。その他の「戦利品」へのマーキングはスピリットが62回、フェイスは60回だった。興味深いのは、すでに成熟期を迎えていたチェスリーやローグ、あるいは幼いブリザード、スコーキー、レイヴン

が、食糧にまったくマーキングをしなかったことだ。どうやら従属的な立場にある子供たちの排尿行動には、情報伝達の意味合いはないようだ。序列上位のオオカミの排尿には情報伝達の目的があるが、下位のメンバーの排尿は単なる生理的現象に過ぎないという私たちの仮説と一致した。

　直接観察の結果、マーキングという行為が、嗅覚的・視覚的に情報を残したいなわばりの境界や日常的移動ルートの重要地点のほか、食糧などの重要資源に対しても行われることがわかった。獲物の死骸や骨にマーキングするのは繁殖ペアに限られるが、だからといって2頭がその財産を独占するわけではなかった。スピリットやフェイスが尿をかけたばかりの食糧を、従属メンバーがくすねていく場面にも何度か出くわしたことがある。食糧を含む財産に施すマーキングの解明は難しい。イタリアの生物学者、シモナ・カファッツォの研究チームが、S・K・パルのイヌ研究チームが立てた仮説を論文に引用している──「マーキングは食糧のありかを伝えるためのものだ」[注2]。はたしてそれがオオカミにも当てはまるのかどうか、現在のところ私たちにもわからない。

　図表2.1は全680回を記録したマーキングについてまとめたものである。

毛色

　パイプストーンのオオカミたちの毛色は実に多岐に及んでいた。しかし一家の子オオカミ3頭は、ロッキー・マウンテンのシンリン

注（2）シモナ・カファッツォ、ユージニア・ナトリ、パオラ・ヴァルセッチ「放し飼いのイヌの群れによるにおいづけ行動」動物行動学118, no.10(2012年): 964.

オオカミの特徴である黒い毛皮をまとっていた（世界の黒いオオカミのうちおよそ35%がロッキー・マウンテンに生息）。遺伝子研究により、オオカミの黒い毛は、過去にイエイヌと異種交配したことで出現したと証明されている。スモーキーグレーのフェイスをのぞき、一家のメンバーはみな、漆黒、茶色がかった黒、グレーが入った黒など、黒をベースとしたさまざまな毛色だった。しかし、私たちがパイプストーン一家の観察をしていた当時、フェアホルム一家（バンフとキャンモアからトランス・カナダ・ハイウェイまでのボウ渓谷に生息）やクートネイ一家（クートネイ国立公園に生息）など、近隣に暮らすオオカミ一家のメンバーは主にオオカミらしいグレーの毛皮をまとっていた。

悲しい知らせ

2010年1月、衝撃的な知らせが届いた。美しい小さな雌のレイヴンが、ボウ・ヴァレー・パークウェイを走行中の車両にはねられたのだ。9カ月という短い生涯だった。レイヴンの死と時を同じくして、スコーキーが家族のもとを2、3日離れてはまた合流するという行動を見せはじめた。スコーキーは少々頑固だが臆病な性格で、レイヴンは私たちが知る中でも特に慎重な性格のオオカミだった。それとは対照的に、ブリザードは非常に大胆な性格で、しょっちゅう忙しく動き回っていた。彼女はネズミ狩りが大好きだった。

パイプストーン一家の観察を始めた年には、彼らが何ともバラエティに富んだ個性の集まりだという印象を持った。性格の違いにつ

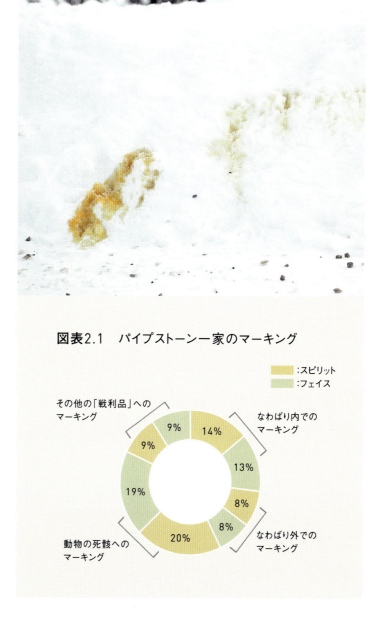

図表2.1　パイプストーン一家のマーキング

ボウ・ヴァレー・パークウェイ沿いにスピリットが残したマーキング。

いてはのちに詳しく触れたいと思う。そして、比較的早い段階でわかったことが1つあった。家族が移動する際、その先頭にいるのはスピリットではなく、フェイスだったのだ。その姿は、ボウ渓谷にかつて暮らしたデリンダを彷彿とさせた。

不測の事態を予測する

　野生オオカミの行動を観察していると、自分の無知を痛感させられる。それでも、パイプストーン一家の面々の「性格」を把握していた私たちは、オオカミたちが長年かけて構築した「専用ハイウェイ」のそばに車を停め、彼らの行動を邪魔することなく観察を行うことができた。何時間待ってもオオカミが姿を現さないこともあったが、ときには幸運に恵まれることもあった。とは言え、オオカミをせっかく見つけても、彼らが何をするわけでもなくただじっと横たわっているばかりということも多かった。15分ごとに記入する行動観察シートが、「動きなし」という文字で埋まっていく。それが実地調査というものだ。子オオカミたちが追いかけっこをしたり、じゃれ合ったりする姿を見られたときは、喜びもひとしおだった。

ネズミと戯れる

　パイプストーン一家の姿を追い続けた日々の中でも特に思い出深いのは、2010年1月14日の出来事だ。前夜に大雪が降り、とても冷え込んだ朝だった。よく晴れた空の下、一家は木々の小さな茂みの中で休息をとっていた。すると間もなくフェイスが起き上がり、体を伸ばしてあくびをすると、東へ向かって歩きはじめた。一家のほかのメンバーも足早についていく。しかし、例外がいた。ブリザードだ。雪の下にネズミの気配を感じたらしい。

　私たちは、美しい雌の子オオカミが道幅をいっぱいに使い、ネズミと「遊ぶ」姿をおよそ10分間も堪能した。頭を左右に傾けては戻すというオオカミ特有のしぐさを何度か繰り返したあと、ブリザードは突如宙を舞い、道路脇の雪だまり目がけて顔からダイブした（この何年か前に、ポール・パケットがコンピュータ・シミュレーションを使い、狩りの経験が少ない幼いイヌ科動物は、何度もジャンプを繰り返しながら、90度の角度で獲物に飛びつくことを学ぶと結論付けていた）。

　ブリザードは一体何をしているのかと、ジョンも私も最初は不思

レイヴン。2010年1月撮影。この1週間後、彼女はボウ・ヴァレー・パークウェイで命を落とした。

スコーキー（GPS付き首輪をしている）とフェイス（右）、ブリザード（左）が、レンジャー・クリーク付近の陽だまりで昼寝をしている。まさに「動きなし」の状態。

ボウ・ヴァレー・パークウェイでネズミと戯れるブリザード。自動車のボンネットから立ち昇る蒸気のせいで、ジョンは思うような写真が撮れなかった。

議に思っていた。彼女はただネズミを捕まえるだけで、殺そうとしないのだ。捕まえた獲物を道の真ん中へ連れていき、そこでご丁寧に放してやる。もちろんネズミは一目散に逃げ出そうとするのだが、ブリザードは左右の足を踏み鳴らして飛び跳ねると、ネズミの周りでダンスを始めた。まるでテキサスのカントリーダンスのようだ。数分後、彼女はふたたびネズミを捕まえた。「よしよし、今度こそ食べるつもりだな」。しかし彼女は食べようとしない。そればかりか、小さな友だちを少しも傷つけることなく、またもや解放してやった。ネズミは命からがら逃げ出して、ブリザードはふたたび踊りはじめた。私は興奮しながら、その一部始終をフィルムに収めた。そして息せき切ってジョンに確認した。「写真は撮れたか？」──応答なし。答えられないほど集中していたのだろう。「どうかいい画が撮れていてくれ」。祈るような気持ちだった。

　ブリザードの儀式はまだまだ終わらない。すっかり混乱した様子のネズミを口にくわえると、今度は出会った場所まで運んでいった。そして、今度こそかぶりつくかと思いきや、またもや逃がしてしまう。何十回それを繰り返しただろうか。ようやくブリザードはネズミを捕まえて、もう1度道路へ連れてきた。そして……、次の展開はもうおわかりだろう。そう、例のダンスをまた延々と踊りはじめたのだ！　そして唐突にネズミをくわえて、家族のあとを全力で追いかけた。結局ブリザードはネズミを食べたのか……。私たちにもわからなかった。

　この話の教訓は、車から飛び出してオオカミを追いかけてはならないということ。一生に1度あるかないかという貴重な体験をした

いなら、常に忍耐強くあらねばならない。私がその日フィルムに収めた「ネズミ」の映像は、セミナーや講演を大いに盛り上げてくれる。そんなユニークな場面に遭遇することができたのも、動物への礼儀を重んじながら、辛抱強く観察を続けたからだ。人々は野生動物の個性が表れるような逸話が好きだ。「ネズミの話」を始めたとたん、聴衆は目を輝かせる。

がらくた収集

　ネズミの話からもわかるように、ブリザードはとても個性的なオオカミだった。家族とパークウェイやサンシャイン・ヴィレッジ・ロードを移動している最中も、列から飛び出しては、溝に落ちているペットボトルや空き缶などを拾ってくる。私たちもはじめは、幼い子オオカミ特有の行動だろうということで片付けていた。しかし、どうやらそんな単純なものではなかったらしい。幼齢期を終えて1歳を迎えてからも、彼女の「がらくた集め」は続いたのだ。何カ月か経ち、そして何年か経過すると、ペットボトルや空き缶を運ぶブリザードの姿はすっかりおなじみの光景となっていた。

　ブリザードは自分の行為に誇りを持っているようだった。そしてそれは、おとなになっても変わらなかった。予期せぬ行動を見せる彼女は、私たちのアイドルになった。一家のほかのオオカミには当たり前の行動特性も、いわゆる「ウルフ・パックの典型的行動」も、彼女には必ずしも当てはまるとは限らない。

　どのオオカミも、家族の輪から出たいときにはいつでもそうする

ことができるし、ときには「突拍子もない行動」に出ることもある。それでもブリザードのおふざけは、厳格な序列に根ざした「ウルフ・パック」の概念にまったくもってそぐわなかった。空っぽのボトルや缶を運ぶ目的は一体何だったのか。正直、私たちにも謎だった。私たちは、ほかのオオカミには見られない彼女の行動に何かしら意味を見出しそうと、その後も観察を続けた。

それこそが、カリンと私がクリスマスも休まずに、毎日オオカミに会いに出かけた理由だ。「ほかにやることがないのかい？」と誰かに尋ねられるたびに、私たちはむしろ驚いたものだったが、しまいにはそんなふうに尋ねる者もいなくなった。私たちの答えがあまりにもシンプルだったからだろう——「やりたいことをやっているだけ」。そう、私たちにとって動物の行動観察は「義務」ではなかった。「仕事」と考えたこともない。私たちにとって、動物たちの姿を追い、その行動に隠された意味を探すことは、これまでも、そしてこれからも、どんなテレビドラマより10倍もおもしろいのだから。

「下着」と戯れる

2011年1月6日、カリンと私はジョンと車を並べ、オオカミの話に花を咲かせていた。オオカミの行動について議論するのは楽しい。ときどき自分たちがテレビのリポーターにでもなったような気分になる。「誰が？」「いつ？」「どこで？」「何を？」「なぜ？」という問いがつい口をついて出る。なかでも「なぜ？」という疑問詞

が一番やっかいだ。この問いに対する答えは一筋縄では見つからない。

あるときも、そんな議論をひとしきり交わしたあと、オオカミたちに何か動きがないか確認すると言って、ジョンが車を発進させた（オオカミたちの居場所はわかっていた）。するとその直後、パイプストーン一家が私たちの目の前に現れたのだ。彼らは私たちの車の前を通り過ぎると、ほんの10メートル先で足を止めた。しかし、驚いたのはそのあとだ。ブリザードが道路脇から男性用下着を引っ張り出して、じゃれては放り投げるという遊びを始めたのだ。彼女が下着を携えてフェイスのもとへ駆けて行くと、今度はフェイスがそれを奪い、まるで獲物に「とどめ」をさすかのように激しく揺さぶった。

そもそも男性用下着がどうしてそんな場所に落ちていたのかは不明だが、フェイスは下着を口にくわえて道路を横切ると、それを高々と掲げて草地へ入っていった。ブリザードときょうだいたちもそのあとを追う。フェイスは、草地の真ん中辺りで下着を離した。するとすぐさま、2010年生まれの「チェスター」がそれに飛びつき、熱心に噛みはじめた。彼はどうやらそのお宝を雪の中へ埋めたかったようだが、ブリザードがそれを奪おうと躍起になっていた。チェスターは家族の輪から飛び出して、林の方へ駆けていくと、穴を掘って「戦利品」を隠しはじめた。とは言っても、幼いチェスターにほかのメンバーを出し抜けるはずもなく、ほかの家族にはその行動がすべてお見通しだった。スピリットだけは、われ関せずという態度を貫いていた。

穴を掘るチェスターを尻目に、ブリザードは草地でネズミを追いかけはじめた。そうなれば、下着のことなどもう過去のこと。ほかの幼い子供たちもブリザードと一緒にネズミを追いかけはじめた。

ブリザードはネズミを空中に放り投げると、家族の輪の中へ飛び込んでいった。その様子を見ていた私たちの頭の中は、すっかり疑問符だらけになっていた。彼らは結局、何がしたかったのだ……。単なる遊びだったのか、それとも何か目的があったのだろうか。

オオカミの感情

ここで紹介したような行動は、そう簡単にお目にかかれるものではない。また、オオカミの行動と感情の関係性も、いまだ科学的に解明されてはいない。本書では、私たちが遭遇しためずらしくもすばらしい光景を紹介するとともに、オオカミたちの社会的・情緒的生活について私たちの見解を伝えたい。もちろん、野生動物の「感情」をめぐる議論は広範囲に及び、反対意見も多いことは承知の上だ。

私たちの観察結果を通して、オオカミの行動をこれまでとは違った角度から見つめていただければと願っている。私たちは30年以上にわたり、カナダやヨーロッパ各国でさまざまな動物たちを見つめ続けてきた。何年か前に、「それ以上時間を無駄にするな」と研究仲間に言われたことがある。「イヌやオオカミには感情もフェアプレーの精神も、そして倫理観もないのだから」と。

しかし、彼らの言うことが正しいのなら、あの日チェスリーと

ローグが見せた行動をどう説明すればよいのだろう。兄弟は雌の「サンダンス」と出会い、友情を育んだ。しかし2頭の目の前で、サンダンスがトランス・カナダ・ハイウェイでひき殺された。2頭の兄弟は、それまで発したこともないような「哀愁」を帯びた遠吠えを始めた。そして2頭はそのあと何日も、サンダンスが亡くなった現場へ戻り、何度も遠吠えを繰り返したのだ。彼らはなぜ、サンダンスが息を引き取った場所の木々の茂みに立ち、遠吠えを続けたのだろう。「なぜ？」──やはりこの疑問詞に答えるのは難しい。

私たちは、オオカミ研究者のデール・ピーターソンと同じ考えだった。つまり、人間以外の動物の倫理的な営み、特にオオカミたちの社会的・情緒的生活は、生物の進化の賜物だという見方だ。アルファの地位や社会的序列だけがオオカミのすべてではない。彼らは、群れの仲間や別の群れのオオカミ、あるいはカラスなどの異なる種との関係に折り合いをつけながら生きている。彼らの生活は葛藤と選択の連続なのだ。私たちは動物の感情を知る必要性を強

男性用下着をくわえて道路を横切るフェイス。

く感じている。オオカミが貧困にあえぐ状況が続けば、彼らは社会的にも情緒的にも、あるいはほかの側面においても、行動能力を十分に発揮することができなくなり、真の姿を失ってしまうだろう。アメリカの心理学者、リチャード＆バーニス・ラザルスが、著書『Passion and Reason（情熱と理性）』の中で語ったように、「情緒反応は経験値を映し出す鏡」なのだ。

野生オオカミの感情表現

オオカミはボディランゲージで感情を表す。オオカミの社会的行動に関する私たちの描写や解釈は、従来の考察の域を越え、野生動物の研究者や管理者が敬遠する領域にまで踏み込むものだ。その新たな領域とはつまり、「オオカミは感情を持つ動物」という概念だ。ポール・パケットが私たちの著書『Auge in Auge mit dem Wolf (Eye to Eye with the Wolf)（オオカミを見つめて）』の序文で語ったことばにすべてが集約されている──「ギュンターは、ボウ渓谷のオオカミがしばしば見せる喜び、悲しみ、苦悩などの感情と、利他的な側面を真摯に伝えている。オオカミとは、仲間がケガを負えば決して捨て置かず、その者を助け、食糧を運び、世話をする生き物なのだ」。

私たちは何年にもわたり、オオカミという社会的な動物が自己を犠牲にしながら互いを思いやり、共感をもって仲間と接する場面を幾度となく目撃してきた。

しかし、そんな社会的・情緒的行動は、単純に「やさしさ」とイコールではない。「やさしさ」の度合いは個々の性格による。強情な性格のオオカミよりも、社交的な性格のオオカミのほうが、家族に「やさしさ」を見せる傾向が強い。ときに家族同士で競い合い、傷つけ合うこともあるが、他愛心に満ちた向社会的な関わり合いや連携などに比べれば、そのような行動はごくまれだ。争いは家族全体を危険にさらす。繁殖する個体が争いに勝ったとしても、ケガを負い、繁殖できない状態に陥ると、長い目で見ればそれは敗北を意味する。オオカミが攻撃性や暴力的な側面をむき出しにするのは、「やさしさ」を向けるに値しない見知らぬオオカミを目の前にしたときだ。家族の中で敵対行動を抑制できているのは、「オオカミの倫理性」が機能しているからにほかならない。

感情が連携の意思、性格、個々の性質、経験、そして状況の認知評価と結びつき、オオカミに最適の行動を準備させているのは疑いようがなかった。

感情とは一言で言えば、生得的な応答システムだ。社会的環境で直面した問題に行動を順応させる身体的・心理的状態として感情をとらえることと、社会的・情緒的行動パターンの構造を理解することは、まったく次元の違う話だ。私たちに必要なのは、特定の状況下で見られるありのままのボディランゲージを観察することだった。好奇心や恐怖心を表す姿勢は、相対的に感情と結びつけて考えられる。オオカミ同士のあいさつや集会、遠吠えの合唱は、感情的な活動と断言してよいだろう。なぜなら、それらの活動は「機能的分類と識別」が可能だからだ。仲間のために自己犠牲を払うオオカミを「機能的に識別」すれば、感情を持った生き物として「分類」する

遠吠えの合唱などの行動は、感情と結びついていると断言してよいだろう。

ことができる。

　「機能的分類と識別」についてもう少し触れておこう。行動には動機がある。しかし、それを従来の行動生物学で説明することはできない。科学者はそうした話題をタブー視し、極力避けて通る。しかし、だからといってそれが存在しないということにはならない。いまだ証明に至っていない「動物の感情」を存在なきものとするならば、人間の「魂」はどうだろう。存在を証明できないからといって、人間には「魂」がないと割り切れるだろうか。私たちは、動物にも感情があると考えている。機能的に分類できないからといって、その存在を否定することはできない。私たちは逆に問いたい。動物に感情が「不在」だという科学的な根拠があるのかと。

　著名な動物行動学者のフランス・ドゥ・ヴァールは、動物の感情を次のように説明している。

　　　感情とは嫌悪感や興味など、生物学的な外的刺激がもたらす一時的な状態を指す。感情の種類は、脳、ホルモン、筋肉、内臓、心臓など、心身のさまざまな変化により決定づけられる。感情の発露はその者が置かれた状況から予測され、行動の変化やコミュニケーションのシグナルからも推測することができる。しかし、感情と行動の関係は1対1ではない。個々の経験や状況の認知評価が感情と組み合わさり、至適反応へと導かれるのだ。(注3)

　2頭の兄弟が亡き友をしのんで発したあの悲しげな遠吠えも、こ

れで説明がつくのではないだろうか。

ボウ一家の最期

　デリンダとナヌークのボウ一家が離散したあと、2009年の終わりまでボウ渓谷で暮らし続けた残党は若いオオカミ1頭きりだった。黒い雌の「サンダンス」だ。そしてその頃にはすでに、サンダンスが生まれ育った一家のなわばりに、パイプストーン一家が侵入を始めていた。

　2009年12月、繁殖期に入ったオオカミは、ホルモンのはたらきを活発化させていた。サンダンスも発情期を迎えたが、パイプストーン一家には近づこうとしなかった。すでに繁殖雌のフェイスが一家のリーダーとして君臨していたからだ。もしもサンダンスがのこのこやって来て、図々しくも「自分の雄」に近づこうものなら、フェイスはサンダンスを徹底的に叩きのめしていただろう。

　2頭の雌がいよいよ発情期に突入しようかという2009年12月の3週目、パークス・カナダはフェイスに超短波無線首輪を、スコーキーにはGPS首輪を装着した。私たちは無線付き首輪が好きになれなかった。クリスマスプレゼントにしてはずいぶんと無粋だし、そもそもパークス・カナダが首輪をつけた理由にも納得がいかなかった。「遠隔データ収集」の目的は、近々カリブーを再導入するパイプストーン渓谷周辺で、オオカミ出没情報を得るためだった。どうして今更データ収集が必要なのか。オオカミがパイプストーン渓谷を行き来していることなど、私たちはとうに把握していたとい

注3〉フランス・ドゥ・ヴァール「動物の感情」
ニューヨーク科学アカデミー年報1224(2004年): 194.

うのに。

　一方のサンダンスは、フェイスの逆鱗に触れずに交尾相手を確保する戦略を思いついた。スピリットではなく、若い雄のチェスリーとローグに狙いを定めたのだ。2頭の雄もサンダンスの意図を理解していたようだ。そして私たちはある日、1歳になったばかりの雄たちがサンダンスのあとを追い、7キロメートルも離れた場所へ向かっているところを目撃した。サンダンスは雄の気を引くのがうまかった。

　しかし前述のとおり、サンダンスは2010年1月、バンフ国立公園管理事務局のすぐ近くで、トランス・カナダ・ハイウェイを走行する車にはねられて命を落とした。チェスリーとローグは完全に打ちのめされているようだった。彼らは事故のあと、3日間その場に留まり、毎晩遠吠えを続けた。動物は感情を持たないと言う者がいる。彼らはきっと、私たちが目撃したような動物の傷心に触れたことがないのだろう。その日を境に、チェスリーとローグはほとんど姿を見せなくなったが、やがて、彼らがスプレー・レイク付近で新しい家族を持ったという噂を耳にした。ボウ渓谷のなわばりを支配するパイプストーン一家は、その若い2頭の旅立ちとレイヴンの死を経て、ついに4頭になってしまった。その後、スピリットとフェイスにようやく交尾が見られたのは2010年2月のことだった。

　子供が生まれると、同じ年の秋口に、親オオカミは子供たちになわばりを見せて回る。そのときがオオカミ一家のリーダーシップ行動を観察する最大のチャンスだ。そんなわけでその冬はずっと、彼らの行動観察に明け暮れた。

2009年12月に首輪をつけられて間もないフェイス。

フェイスは家族の意思決定のほとんどを引き受け、
先頭に立って一家を率いることが多かった。

オオカミ一家を率いるのは「アルファ雄」か?

2009年から2010年の冬に実施した観察が、この問いに対する答えを教えてくれた。過去の調査からわかっていたとおり、パイプストーン一家のリーダーシップには厳格なルールがなく、家族全体の意思決定に性別も無関係だった。「アルファ雄」のスピリットも、常に「群れのリーダー」としてふるまっていたわけではなく、どちらかというと雌のフェイスのほうがリーダーとして動くことが多かった。リーダーシップ行動はきわめて流動的で、家族メンバーの年齢、経験、社会的序列、そしてエネルギーの消費レベルによっても変化する。

1998年からの調査結果が示すとおり、リーダーシップ行動とリーダーを決めるさまざまな動機付けは、繁殖ペアと従属的なおとなや子供にも見られた。ボウ渓谷で観察したオオカミ家族はみな、夏よりも冬のほうが活発に道路や線路沿いを移動し、狩りを行う傾向にあった。オオカミが人工施設を移動する頻度は、交通量や人間の活動レベルと負の相関関係にある。ボウ・ヴァレー・パークウェイとカナダ太平洋鉄道がオオカミ家族の動き（移動や狩猟）を制限したせいで、ボウ渓谷から姿を消すオオカミもいた。しかし、人工の交通網に対するオオカミたちの反応は個体によって異なっていた。行動反応の発達は、両親との社会的な結びつき、人工施設での幼い頃の経験、個々の性格により左右される。

家族が移動する際のリーダー、すなわち先頭に立って行き先を決めるオオカミは、季節的要因だけでなく、移動場所によっても変化した。なわばりから外れた馴染みのない場所では、基本的にスピリットが先頭に立つ。しかし、移動に慣れたテリトリー内では、誰が先頭に立とうと頓着しないようだった。つまり、序列上位の雄が危険回避の役割を担い、幼いオオカミたちは、家族の目が届く範囲内で気ままに動き回るのだ。

リーダーシップ行動は、生息環境による影響も受けていた。主要ハイウェイやそれに付随する道路（トランス・カナダ・ハイウェイ、93号南北線、レイク・ルイーズ・ドライヴなど）を横断するときは、若いオオカミが先頭に立つことはない。それはフェイスかスピリットの仕事だった。一方、通り慣れたボウ・ヴァレー・パークウェイの横断や通行など、比較的危険が少ない場面では、スピリットとフェイスが必ずしも先頭に立つとは限らなかった。

2009年から2010年の冬、パイプストーン一家の道路横断は計142回で、その内訳はハイウェイで72回、ボウ・ヴァレー・パークウェイで70回だった。

図表2.2は、道路横断時のリーダーシップ行動をとった個体とその回数を示すものである。

インフラ整備と順応行動の戦略

事故で命を落としたレイヴンをのぞき、一家のほかのメンバーはみな、2009年から2010年の冬を無事に越すことができた。彼らは人間と共存する道を見つけたのだ。しかし、「どのように」という疑問が残る。個々のオオカミの行動パターンはそれぞれ異なり、そ

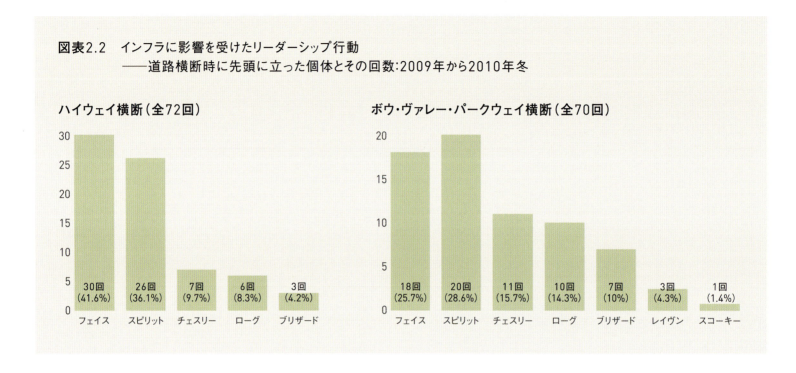

れが家族の習慣や行動に反映されるのだから、謎の解明は困難をきわめた。

　2010年の夏、公園には尋常でない数の観光客が詰めかけた。押し寄せる交通の波がパイプストーン一家の構成、安定性、インフラの使用率、狩猟活動に大きな影響を及ぼした。なわばりの中心を囲む山岳地帯ではさらに道路が混みあい、オオカミたちの狩りを阻んだ。人間が車を乗り入れれば、オオカミたちは線路や急な崖の上、深い川や湖のそばなど、危険な場所へ避難しようとする。私たちより前には1度も直接観察が実施されず、複雑なインフラ整備がオオカミの移動パターンや順応戦略にどのような影響を及ぼすか、分析が行われたこともなかった。

　ボウ・ヴァレー・パークウェイやカナダ太平洋鉄道は、パイプストーン一家の移動パターンと狩猟行動、ひいては彼らのエネルギー消費にも多大なる影響を及ぼした。一家がハイウェイを横断する頻

度が高くなるとその分、野生種を守るための野生動物専用通路を回避するという負の影響も出はじめた。

デリンダの死後、ボウ渓谷の一家では、個体数や社会的安定性だけでなく、繁殖行動にも大きな変化が起こった（近親交配をはじめて観察したのもこの頃だった）。パイプストーン一家もボウ一家と同じく人間の存在に順応した。いや、むしろボウ一家よりも許容度が高かったと言える。しかしバンフの管理機関は、対人的な対策を講じるのではなく、パイプストーンのオオカミたちの「順化」を問題視し続けた。そして、動物行動学的知識を取り入れるところか、観光業のさらなる拡大を目指したのだ。オオカミやその他の脆弱な種の生息地の保障という点でも、バンフ国立公園の管理計画は失敗に終わった。野生動物の事故死件数を減らすことができなかったのだ。私たちの観察中も、ハイウェイや鉄道で何百頭ものアメリカアカシカが命を落とし、数えきれないほどのヘラジカ、オジロジカやオグロジカ、ビッグホーンが事故死した。パイプストーンのオオカミたちが食糧難に見舞われていることは火を見るよりも明らかだった。

その結果、ボウ渓谷では子オオカミの死亡率が上昇し、適応能力も低下した。実際に私たちも、子オオカミが家族から攻撃を受け、食糧にたどりつけない場面を目撃した。さまざまな変化が重なり、オオカミは社会的・情緒的ストレスと危機的状況に苦しむことになった。しかしその一方で、オオカミ（特に子オオカミ）が人間との直接的な遭遇を回避し、いかに交通量の多い環境に順応すべきか、その戦略を身につけることにもつながった。

パイプストーン一家の家族構成：2010年

2010年6月から7月には、4つの新しい命が誕生した。2頭は黒い雄で、2頭は黒い雌だった。7月31日、スピリット、フェイス、ブリザードに伴われ、3頭の子オオカミが生まれてはじめてランデブーサイトを出た。誕生した4頭のうち1頭は亡くなったが、死因はわからずじまいだった。この段階で、スコーキーが家族と行動する姿はほとんど見られなくなっていた（とは言え、彼はとても内向的な性格だったので、実は家族のそばで身をひそめていたのかもしれない）。誕生した子供たちの世話を引き受けていたのはブリザードだった。まるで「ソーシャルワーカー」のように献身的に尽くすその姿は、若い雌が若い雄よりも「ベビーシッター」として家族に大きく貢献することの証明となった。

夏の終わり、1歳を迎えた雄の1頭のチェスト（胸）に大きな白斑が発現した。私たちはその特徴から、彼を「チェスター」と名づけた。2頭の姉妹は「メドウ」と「リリアン」だ。3頭の子供たちは、スピリット、フェイス、ブリザード、そしてときにはスコーキーの世話を受け、両親から家族の伝統と文化を学習しながら成長した。子オオカミが一家に浸透した順応行動を模倣するようになったのも、ごく自然ななりゆきだった。オオカミ一家の両親は、家族の行動を子に教え込む。その社会的能力は、人間の「父親」や「母親」にも似ていた。また、パイプストーン一家の「父親」「母親」もやはり、子供たちを優先して食事を与えることが多かった。これも従来の「アルファ概念」に矛盾する行動だ。

生後6カ月のチェスター。2010年10月撮影。

　親オオカミとの関係とは別に、子供たちの間でも序列のルールが存在していた。子オオカミのグループの中で、きょうだいをうまくやりこめた1歳のオオカミが、子供社会の頂点に立つ。いわゆる「リトル・アルファ」だ。何十年も前、マイケル・フォックスらイヌ科動物研究者が、序列下位の個体は交尾しないと断言した。フォックスによると、序列は幼齢期のきわめて早い段階で構築されるものであり、その中で上位の個体だけがリーダー気質を発達させ、下位の個体はそのような能力を持つことはないという。しかし、野生の世界ではそうとも限らない。特に、序列下位の個体は早くに家族のもとを離れる傾向にあり、交尾相手を見つけてつがいを形成することも多い。つまり、生まれ育った家族内では従属的な地位にあっても、将来的には親となり、子供を含む家族を築き上げ、アルファの地位につくこともあるのだ。家族のもとを去るオオカミの年齢や性別はさまざまで、その移動距離も個体によって異なる。

　ほとんどのオオカミが遅かれ早かれ、ともに子育てをする伴侶を探す。2010年1月にサンダンスが亡くなったあと、チェスリーとローグが2010年4月にスプレー・レイク州立公園でパートナーを探しているところを目撃された。同じく2010年12月には、パイプストーン一家に別れを告げた1歳半のスコーキーが、アルバータ州西部のカナナスキス・カントリーのピーター・ローヒード州立公園で、グレーの雌とつがいを形成した。2011年7月の始めには、スコーキーの新しい家族が確認された。3頭の子供たちが元気に走り回っては父親のスコーキーに飛びついている。すっかり父親の顔のスコーキーもまんざらではなさそうだった。まるで映画のような美しい光景だった。

ボウ・ヴァレー・パークウェイにおける移動パターンの崩壊

　2010年11月から2011年3月まで、ボウ・ヴァレー・パークウェイを移動するパイプストーン一家に合計49回の「混乱」が見られ、その中で2種類の典型的な特異行動パターンが観察された。回避行動と転移行動だ。回避行動の例としては、耳を寝かせ、体と尾を低く保つ姿勢が挙げられる。たとえば、移動の先頭を行くオオカミが交通を避けたいとき、数秒間その姿勢を保ったのち、車両の往来から目をそむけて茂みの中へ入っていく。

　転移行動にはストレスによるあくび、理由もなく地面を嗅ぎまわるといった行動、そして、衝動と運動パターンとの葛藤のはざまで、

家族を連れてボウ・ヴァレー・パークウェイを横断するフェイス。2010年11月撮影。

次にとるべき行動がうまく判断できなくなる凍結挙動も含まれる。転移行動の例としては、ストレスによる排尿や耳の後ろをひっかく挙動などが挙げられる。相いれない運動パターンに直面すると、置かれた状況の整理がつかなくなるのだ。

たとえば、ボウ・ヴァレー・パークウェイを目の前にしたとき、オオカミは2つの衝動に襲われる可能性がある。道路に近づきたいが、避けて通りたいという矛盾した衝動だ。

図表2.3は、スピリットとフェイスが家族を率いてボウ・ヴァレー・パークウェイへ向かい、横断を試みたときに見せた回避行動と転移行動をまとめたものである。

伝統のアメリカアカシカ狩りの終焉

ボウ渓谷のオオカミたちは、過去何十年にもわたりアメリカアカシカを狩ってきた。しかし、パークス・カナダが1999年から2002年、地元で「タウンエルク」と呼ばれるアメリカアカシカをバンフ国立公園外へ移送した。200頭を超えるアメリカアカシカを公園から排除するという行動は、新聞各紙や本でも大きく取り上げられ、この異常事態を憂えた人々の強い反発を受けた。私たちは『Timberwolf Yukon & Co.』誌で見解を述べ、ピーター・デットリンも著書『The Will of the Land（大地の願い）』でその問題に触れている。オオカミたちは、食糧源のおよそ40％を奪われてしまった。

バンフからキャンモアのボウ渓谷の下流域で狩りをしていたフェアホルム一家も、そのあおりを受けて離散の道をたどった。その後も、ボウ渓谷のアメリカアカシカの数は減る一方で、大型イヌ科動物の食糧は枯渇した。オオカミとアメリカアカシカの均整のとれた捕食・被食システムが、人間の無配慮により崩れ落ちたのだ。

それに加えて、『ロッキー・マウンテン・アウトルック』などの地元紙によると、バンフからレイク・ルイーズまでのエリアでは、ひどいときで1日5頭ものアメリカアカシカがカナダ太平洋鉄道で命を落としていた。線路を走り抜ける鉄の塊は、アメリカアカシカだけでなくオジロジカやヘラジカにも悲劇をもたらす。小型の有蹄動物やげっ歯類に至っては、その死がメディアで取り上げられることもない。しかし、私たちはこの目で何百という屍を目にしてきた。

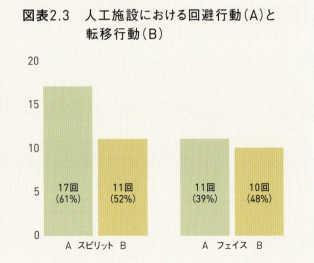

図表2.3　人工施設における回避行動（A）と転移行動（B）

　それが、ボウ渓谷の日常だった。
　パイプストーン一家が私たちの観察エリアになわばりを確立して間もなく、彼らはアメリカアカシカの不足に直面した。食糧難に陥れば、獲物を求めてより長い距離を移動することになり、それがエネルギー消費と異なる種への攻撃につながる。また、狩猟機会の減少が死亡率の上昇を招き、「社交的」なオオカミがなわばりから姿を消すようにもなった。
　獲物となるアメリカアカシカが不足すると、狩猟の対象を柔軟に変化させる必要がある。2010年から2011年の冬、フェイス、スピリット、ブリザードの3頭は、ヘラジカやシカ、そしてときにはビッグホーンまで追いかけるようになっていた。パークス・カナダが地元紙に伝えたところによると、どうやらシロイワヤギまで狩っていたらしい。
　狩猟経験の乏しかったチェスター、メドウ、リリアンも、生後10カ月から11カ月を迎えた冬の終わり頃から、ようやく狩猟部隊の戦力として加わるようになった。ボウ・ヴァレー・パークウェイや渓谷で、スピリットやフェイスらと狩りを出かけた子オオカミたちが、ものの数分で置いてきぼりを食う場面もよく目にした。子オオカミだけで小さな獲物を狩ろうとすることもあったが、成功率はきわめて低かった。幼いオオカミが仕留めることができるのは、せいぜい雌のオジロジカの子供やカンジキウサギくらいのもので、おとなたちが狩ってくる大量の小動物に比べればほんの微々たるもの

ボウ渓谷全体で、アメリカアカシカの数が激減した。特にボウ・ヴァレー・パークウェイ周辺ではほとんど見かけなくなった。

だった。2002年に拙著でも述べているが、子供たちは10カ月を迎える頃まで大きな獲物を狙うことはない。

ボウ渓谷におけるオオカミたちの狩猟は高い成功率を誇っていた。氷がとける季節になると、彼らは獲物を水場へ追い込んで狩る。そして、川が凍る寒い冬には、シカやアメリカアカシカを氷上へ誘導し、身動きが取れなくなったところに襲いかかるのだ。

食糧難の危機に、スピリットとブリザードは連係プレーでヘラジカを狩るようになった。おとなたちが狩りに出かけている間、チェスター、メドウ、リリアンは子供たちだけで留守番をする。不毛な狩猟で疲弊したおとなたちを尻目に、子供たちはランデブーサイトがあるなわばりの中心地で、何時間もげっ歯類を追いかける。小さな獲物でも食料の15%をまかなってくれるのだから、ネズミ狩りもばかにできない。しかし、もちろんそれだけでは、家族で行う集団狩猟の代わりには到底ならなかった。

親オオカミと1歳から2歳のオオカミが、幼い子オオカミに獲物のありか（動物の出産場所など）や獲物にすべき動物、狩りの技術などを教え込む。右も左もわからない子オオカミは、親オオカミから狩りのいろはを学ばなければならない。たとえば、アメリカアカシカが不足しているときの対処法。外れの渓谷まで足を伸ばし、丘の上を頻繁に訪れ、最も仕留めやすいビッグホーンを如才なく選び、追いかけるのだ。

通常、繁殖ペアをはじめとするおとなのオオカミは、特定の獲物を伝統的な手法で狩る。一方、パイプストーン一家の子オオカミや経験の浅い若いオオカミたちは、フェイスとスピリットのかなり柔軟な狩猟戦略を模倣するしかなかった。しかし、フェイスとスピリットも、アメリカアカシカが姿を消してしまった今となっては、闘争心の強いヘラジカや、やすやすと岩場を登っていくビッグホーンやシロイワヤギなどを狙うほか選択肢は残されていなかった。

山岳地帯での狩りは危険を伴う。しかし幸い、フェイスは4歳半、スピリットは5歳半と、2頭とも若かった。何時間でも忍耐強く有蹄動物を追いかける体力と知力があった。さまざまな発信元から得た情報と追跡結果から、フェイスとスピリットが2011年3月、ヘラジカを追って29キロメートルもの距離を移動したことがわかった。蛇行しながらボウ渓谷を5度も往復し、キャッスル・マウンテン付近のトランス・カナダ・ハイウェイの下にヘラジカを追い込み、ハイウェイの向こう側で仕留めたらしい。

図表2.4では、2009年と2010年の夏から秋に、パイプストーン一家が狩りで仕留めた獲物と見つけた死骸の数を比較している。

興味深いのは、パイプストーン一家が手に入れた28頭の有蹄動物のうち、およそ18%がカナダ太平洋鉄道で見つけた死骸だったということだ。2度の冬を合わせると、鉄道沿いで手に入れた死骸は全体の31%を超えていた。このことからも、彼らが夏より冬のほうが頻繁に線路を巡回していることがわかる。

オオカミは「血に飢えた殺し屋」ではない。むしろ、子供に食べ物を与えようと奔走する家庭的な動物だ。プロジェクト全体を通しても、余剰な狩りを記録したのはたった1度きりだった。2001年、フェアホルムのオオカミ一家が雌のアメリカアカシカを仕留めたが、その直後に観光客の邪魔が入った。彼らはやむなくその30分後に、

アメリカアカシカの死骸に夢中のフェイスとブリザード。2010年1月撮影。

レイク・ルイーズ付近で雌のヘラジカと対峙し、ボウ川へ入るスピリット。

別の雌のアメリカアカシカを狩った。しかし、またもや人間が目の前に現れた。2頭目をあきらめたオオカミたちは、3頭目となる子供のアメリカアカシカを殺し、ようやく食事にありついた。

　余剰な狩りはときに発生する。特に親オオカミのどちらか、あるいは両親ともに人間に殺された場合や、家族の集団狩猟が人間に邪魔されたときは、その傾向が強くなる。野生オオカミの狩りの対象と方法を理解したいのなら、親オオカミを射殺することだけは絶対に避けなければならない。オオカミ一家から親を奪うということは、家族から狩猟や習慣的・社会的英知を取り上げることに等しい。人間の「ティーンエイジャー」に相当する若いオオカミだけが取り残され、どこで何を狩り、危機的状況をどのように回避し、人間にどう対処すればよいのかと途方に暮れる。私たちが牧場主や野生動物管理者たちに、家畜や人間と平和的に共存している限り、親オオカミをそっとしておくよう呼びかけているのは、そういった理由からなのだ。

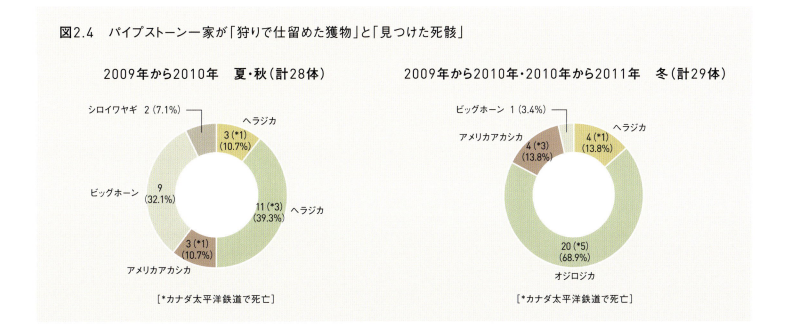

図2.4　パイプストーン一家が「狩りで仕留めた獲物」と「見つけた死骸」

組織的支配と一時的支配

　オオカミ一家の父親と母親が担う重要な役割の1つが、子が将来独り立ちし、立派な親になれるよう教育することだ。より良い教育を受け、より多くの経験を重ねれば、繁殖年齢に達してパートナー探しに出たときに、遺伝子をより高い確率で残すことができる。

　話が前後するが、若いオオカミたちは狩りの方法を手取り足取り指導されるわけではなく、年長のオオカミを模倣しながら習得していく。親の主な仕事は、日常的な安全と保全に気を配り、子供たちが社会的・情緒的社会の価値ある存在になれるよう、また、必要時には互いに協力するよう教えることだ。生活の中でイニシアチブをとり、積極的に重要な意思決定をすることを「組織的支配」と呼ぶ。それを担当するのがおとなのオオカミたちだ。構造はきわめてシンプルである。

　しかし、「支配」ということばは一般的に、行動の動機付けを考慮しない「絶対機能主義的アプローチ」を連想させる。「絶対機能主義」では、行動の機能、行動の前後にある背景、環境やほかの動物たちとの相互作用やボディランゲージは重視されない。

　しかし、それらはすべて「支配」に欠かせない大切な要素だ。年齢と立場の上に成り立つ序列が、社会的集団を安定させる。しかしその一方で、安定した「支配」をもたらしているのが、服従と組織的コミュニケーションであることも忘れてはならない。「組織的支配」は年功序列が基本である。

　しかし、序列が高い年配のオオカミがいつも、威嚇的な姿勢でほかのメンバーを「支配」しているわけではない。彼らはむしろ、たいていのことに無関心だ。私たちの調査結果は、「オオカミ家族は各年齢層で支配的な雄が必ず1頭存在する」という説と矛盾した。また、「オオカミ家族は一貫した縦社会である」という説とも相反する。実際は、雌が雄を支配することもあるし、その逆の関係も起こり得る。性別、序列、年齢、個体の性格による支配の構図については、次の章で紹介しよう。

　野生オオカミ家族の長期的な絆は、性別とは関係なく構築されるようだ。私たちは何十年も、追いかけっこや取っ組み合いなど、オオカミ同士のさまざまな交流（安定化行動）を見守ってきた。野生オオカミは、家族で集い、遠吠えの合唱をし、じゃれ合って遊ぶ中で、各々の立ち位置を確立していくのだ。

　また、親オオカミのどちらかがイニシアチブをとることにより、家族の従属メンバーとの関係を安定させているようだ。家族内には通常1組の親オオカミがいるが、彼ら同士も遊びを通して、パートナーとしての絆と組織的な支配構造を構築していく。子供たちも幼齢期に経験するすべての遊びから互いの関係性を作り上げ、やがておとなのオオカミに見られるような主従関係を築いていく。

　「組織的支配」は、集団の意思決定のための非暴力的行為である。意味もなく家族のほかのメンバーを攻撃することはめったにない。しかし、愛犬家の多くは組織的支配を「暴力的」なものだと思い込んでいるようだ。祖先であるオオカミの教育方法にならい、イヌにも行動のあり方を教えるべきだと言う専門家までいる。実際のところ、オオカミの世界にはそのような教育は存在しない。オオカミ

この4枚の写真は、ブリザード（姉）がメドウ（妹）を年齢的に支配する場面をとらえたものだ。ブリザードの高い体位に対して、メドウは低い体位を保っているが、メドウはブリザードに牙をむいている。オオカミの世界でもイヌの世界と同様、序列の低い個体にも支配に抵抗する権利があるのだ。

とイヌには大きな違いがある。オオカミが「自立」を学ぶのに対し、イヌはその対極にある「依存」を人間に教えられるのだ。これは、人間のイヌに対する誤解の産物と言えるだろう。ただし、これ以上の議論についてはほかの書物に任せるとしよう。

　オオカミが人間に教えてくれること——それは、最大の武器は強靭な筋肉ではなく、深遠な知恵だということだ。食糧などの資源不足という状況下で、次の5種類の意思決定で組織的支配が観察された。

1. 家族を集めて休息させる。
2. 家族を次の目的地へ向かわせる。
3. 日常的な移動の中で進路を変更する。
4. 家族を集合させる。
5. 集団で遠吠えをする。

　図表2.5から図表2.9は、2010年の1月1日から12月31日に実施した計396回の直接観察の結果に基づき、個々のオオカミが意思決

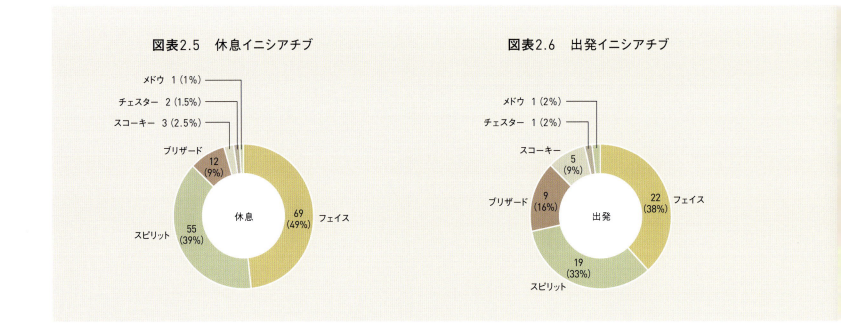

定した回数を状況別にまとめたものだ。

　最も注目すべきは、5種類の集団行動のうち3つの状況（休息、出発、進路変更）で、繁殖雌のフェイスが意思決定を行っていた点だ。それに対してスピリットは、主に2つの行動（集合と遠吠え）で意思決定を下していた。

　パイプストーン一家では、早くからフェイスが中心的存在として機能していた。日常的な活動でイニシアチブをとるオオカミが組織を支配する。また観察から、一般にアルファ雄の領域として定義されてきた仕事や行動が、実は序列の高い雌により行われることも明らかになった。

　行動のイニシアチブをとれば、意思決定を下す雌の組織支配力をほかのメンバーに示すことができる。私たちの観察結果は、「オオカミの世界は雄のアルファが支配する男社会」という仮説と対極をなしていた。数年前、デリンダがボウ渓谷のオオカミ一家を統治する姿をつぶさに見ていた私たちは、その仮説を早くから疑っていた。デリンダは意思決定をする「メンバーのうちの1頭」ではなく、

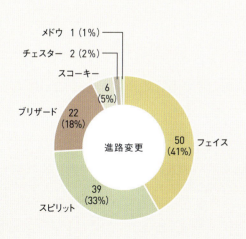

図表2.7　進路変更イニシアチブ

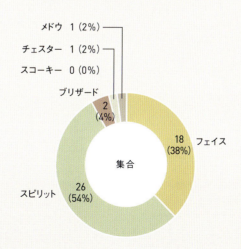

図表2.8　集合イニシアチブ

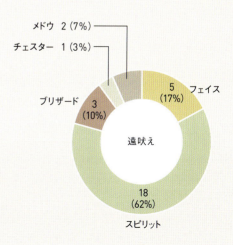

図表2.9　遠吠えイニシアチブ

家族による5種類の行動のうち3つの行動(休息、出発、移動方向)で、フェイスが意思決定をしていた。

「唯一無二の意思決定者」だったのだ。また観察からは、オオカミの親は絶対的独裁者としてふるまうのではなく、状況に合わせて下位の個体や若いメンバーに意思決定権を委ねる寛大さも持ちあわせていることもわかった。

野生オオカミの親から学ぶべき点は多い。親オオカミは子オオカミの前で、組織的支配、状況的支配、一時的支配をうまく切り替える。組織的支配では、子供の力の及ばないこと、あるいは気が進まないことを代行する。状況的支配は、食事の順番をはじめ、その他さまざまな財産をめぐる支配を含む。子供たちに食べ物を与えるのが、父親ではなく母親だという点も興味深い。クマなどの敵と対峙するとき、親が前に立って状況を制御することも状況的支配の1つだ。

たしかに序列上位の個体は、いつなんどきも優先的に財産の支配権を持つ。しかし、必ずしも自らその特権を行使するとは限らない。たとえば、親オオカミには食糧に対する絶対的な優先権があるが、その権利を振りかざしてすべてを独占しようとはしない。真の「アルファ」は、わけもなく独裁的な行動に出たりしないのだ。

しかし、ときには「反抗的で生意気な子供たち」を無視したり、手荒な手段で戒めたりすることもある。2010年、イタリアの生物学者であるシモナ・カファッツォの研究チームが、攻撃的支配を次のように定義した。「イヌの交流は好戦的だ。攻撃を受ければ、服従、反撃、無視のいずれかの反応を見せる。反撃と無視の反応が見られる場合、優越関係は成立していない。服従こそが優越関係の指標となり、一方的な攻撃行動が発生する」[注4]。まさにそのとおり

だ。序列上位のオオカミが8割がた資源を統制しているが、それはたいてい能動的ではなく受動的なものだ。上位のオオカミのボディランゲージや視線が、欲しいものをすべて絶対的に支配できるというメッセージを発する。若いオオカミたちはみな、そんなボディランゲージに対して無抵抗に服従するのだ。

幼い時期から気兼ねなくマーキングをするイヌに対して、オオカミ社会では前述のとおり、地面を引っかいたりマーキングをしたりするのは親オオカミに限られる。姿勢や尾の位置に高低が見られるのは、家族が理想的に機能している証だ。家族関係の中で特に印象的なのは、つがいの固い絆だろう。繁殖期でないときも親密にあいさつを交わし、寄り添うように並んで歩く。つがい同士だけでなく、親子やきょうだいの関わり合い、また、集団やなわばり、シカの角、骨、毛皮といった遊び道具への執着など、さまざまな愛着行動も見られる。

野生オオカミがいつも集団で行動するとは限らない。書物やインターネットでは「パック支配」という語をよく目にするし、オオカミが常に「群れ」で活動しているとも書かれている。しかし実際のところ、子育てに追われる夏の間は、野生オオカミが家族で狩猟部隊を組むことはほとんどない。

夏になると、パイプストーン一家には次の2つの活動が見られた。1）個々のオオカミがばらばらに巣穴エリアを出て、それぞれが手近な食糧を調達する。2）1、2頭のオオカミがカナダ太平洋鉄道の線路沿いを巡回し、動物の死骸を探す（後者はボウ渓谷のオオカミに限られる）。オオカミたちが夏に集団で活動することはめずら

注4　シモナ・カファッツォ、他「放し飼いのイエイヌ集団に見られる年齢、性別、競争的背景による支配」行動生態学21, no.3（2010年）:444.

しい。5月から8月までの間、野生オオカミ一家は散り散りになり、序列の上位と下位の個体が顔を合わせる機会は少なくなる。そうした実態を鑑みても、やはり持続的支配という概念を再度見つめ直す必要があるだろう。

パイプストーン一家がアメリカアカシカやヘラジカの死骸に群がるとき、繁殖雌のフェイスが、繁殖雄のスピリットを含むすべてのメンバーを一時的に支配する。それでも、「子に食べさせる」という高い動機付けがある母親を咎める者はいない。1年を通してパイプストーン一家の摂食行動を間近で観察してきた私たちは、ボウ渓谷における過去の観察も含めて、野生オオカミには摂食順序の厳格

なルールが存在しないという結論に達した。彼らはむしろ、柔軟な摂食システムを構築している。とは言え、一家の親であるフェイスとスピリット、ブリザードのようなおとなのオオカミの摂食行動は、ヘラジカ、アメリカアカシカ、オジロジカなど、獲物の種類によってその様相が変化した。

食糧が豊富なときは、概して攻撃行動が少なくなった。ヘラジカやアメリカアカシカなど大型の獲物が手に入れば、スピリットとフェイスは序列下位の子供たちに先に食べさせてやる。しかし、目の前にオジロジカなどの小型動物しかないときは、子供に対する寛容さはすっかり消え失せた。2010年から2011年の冬、私たちは2種類の死骸をめぐるパイプストーン一家の摂食行動を比較した。そこで浮き彫りとなったのは、一家の摂食行動における柔軟な一時的支配のあり方（「平等摂食システム」）だった。

表2.1は、計336回にわたる摂食行動観察の結果を各メンバーとグループ別にまとめたものだ。

臆病なオオカミと大胆なオオカミ

オオカミの生活を詳細に知るためには、野生オオカミの直接観察が必須であることが、少しはおわかりいただけただろうか。野生動物の管理と対策には、行動についての知識が鍵となる。人間が支配する土地で暮らすオオカミを正しく理解するためには、個体による性質の違いなど、基礎知識を前提として評価しなければならない。これは、クマやその他の野生種についても共通して言えることだ。

表2.1　パイプストーン一家による有蹄動物の摂食行動

摂食行動が見られた個体	ヘラジカ	アメリカアカシカ	オジロジカ
個別に摂食	18	22	5
フェイス＆スピリット	21	28	11
フェイス＆スピリット＆ブリザード	29	19	2
フェイス＆ブリザード＆チェエスター	22	23	2
フェイス＆ブリザード＆メドウ	38	21	2
フェイス＆ブリザード＆チェスター＆メドウ	21	24	0
5頭一斉に摂食	17	11	0
合計	166	148	22

アメリカアカシカの屍のそばに佇むチェスターとリリアン。

　野生動物管理者が現在まで実施した対策と言えば、いわゆる「順化した害獣」への対処と称した嫌悪療法（ゴム弾やノイズを用いた動物撃退装置を使い、人間の周辺から動物を遠ざける方法）ばかりだった。そこに潜む問題とは何か。

　野生動物に対する嫌悪療法や長期的な「行動矯正」は非常に難しく、また大変な時間も要する作業だ。特別な訓練を積んだ人材を手配しなければならないし、専門家だからといって必ず成功するわけでもない。1つたしかなのは、動物の心理を理解せずにゴム弾や爆竹でオオカミやクマを脅かしたところで、何の解決にもならないということだ。そのような一時的な対策は、動物たちを必要以上に怯えさせるだけでなく、死亡率も高めてしまう。そんな付け焼き刃的なやり方は、もはや嫌悪療法とさえ言えない。条件付けを施すなら、継続的に行うべきだ。順化した動物の行動を矯正するためには、体系的な嫌悪刺激（異なる場所で車両や人間によるさまざまな刺激を何十回と与える）を長期的に与えなければならないのだ。

　「内向的・社交的モデル」という生物学的概念が広く世に知られているにもかかわらず、パークス・カナダはそれを対策に取り入れようとしなかった。この基本概念に基づいてオオカミの性質を区別

し、行動の傾向と反応の分類（タイプAとタイプB）を試みたのは、バンフの地では私たちがはじめてだった。

　得体の知れない刺激に接したとき、自発的に行動反応を起こすのがタイプAだ。その性質は、探索的かつ大胆で支配的だ。タイプAのオオカミは、道路に現れたり（しかも先陣を切って現れることが多い）、駐車車両に接近したりと、あらゆることに好奇心を示す。そのため、その姿は頻繁に目撃される。しかし忘れてはならないのは、道路へ頻繁にやって来るからと言って、そのオオカミが必ずしもタイプAとは限らないということだ。オオカミはそもそも車両や道路に順応できる動物なのだ。

　それに対してタイプBは、何事に対しても慎重で、意思決定にも消極的だ。得体の知れない刺激に自発的に接近することはなく、行動は用心深く内向的である。車両などの障害物に遭遇したときは迂回することが多い。私たちはそうした知識を念頭に置き、オオカミがボウ・ヴァレー・パークウェイを活発に移動しているときは、タイプBのオオカミが私たちを避けて森へ入ってしまわないよう、十分な距離をとって駐車するよう心がけた。また、タイプAが「アルファ」であるとは限らず、タイプBが「ベータ」とも限らない。序列下位の個体であっても、外向的な行動を見せる場合もある。

　もちろん、どちらの性質も行動の「傾向」を示しているに過ぎない。そこで私たちは、オオカミの行動を「時間」と「空間」の2つの観点から分析することにした。ストップウォッチとメジャーを手に、それぞれのタイプを0から10の段階で評価する。「内向的」というくくりの中で、「内向的」「きわめて内向的」など評価を細分化するのだ。

　まずは外向的タイプAと内向的タイプBを識別するためのテストを実施した。パイプストーン一家の各メンバーの性質を探るべく、私たちは2種類のテストを作成した。しかし、どうしてこのような詳細な調査が必要だったのか。オオカミの移動パターンは個体の性質に大きく左右される。逃げるようにそそくさと道路を渡ってしまうオオカミもいれば（内向的タイプB）、堂々たる風情でしばらく道路に佇むオオカミもいる（外向的タイプA）。特にボウ渓谷で暮らすオオカミたちは、エネルギー節約のため、道路や線路、野生動物専用通路、ハイウェイなどの人工施設を頻繁に用いていた。

　交通施設からオオカミを追い払うために実施された嫌悪療法の効果は、あまりにも選別的だった。道路を横断しなくなった一部のオオカミが、野生動物専用通路さえ渡れなくなったのだ。家族の行動

ファイブ・マイル・ブリッジ付近にやって来たリリアン。2010年11月撮影。

が分裂すれば、個々の死亡リスクも高くなる。あの日、レイヴンの命が奪われたときのように。

　パイプストーン一家がにぎやかなボウ渓谷に定着する速さには驚いたが、それと同時に、彼らがボウ・ヴァレー・パークウェイを移動ルートとして使いはじめたことは、私たちの試みに有利に働いた。私たちは、道路を移動する一家を見つければ長距離にわたって追跡し、行動テストを実施した。一家のなわばりはヨーホー国立公園とクートネイ国立公園の一部にまで広がり、2010年から2011年の冬が終わる頃には、その規模が1100平方キロメートルにも及んでいた。そのおかげで私たちは、内向的・外向的タイプの行動テストをさまざまな場所と環境で実施することができたのだ。

　基本的性格分類のテストは野生動物を対象に行うべきものだ。さもなければ、知識基盤に大きなひずみが生まれてしまう。私たちがこの作業を熱望したのには大きな理由があった。順応行動（駐車車両に対する反応など）と人間への順化との違いを明らかにしたかったのだ。また、道路移動をいとわない「好奇心旺盛」なオオカミ（タイプA）が、道路の使用を躊躇しがちな内向的なオオカミ（タイプB）と比べて、はたして死亡リスクが高いのか否かも調査しよ

ブリザードは外向的なタイプAの典型であった。

家族のリーダー雄であるスピリット(右)は典型的なタイプBで、リーダー雌のフェイス(左)は好奇心旺盛なタイプAであった。

うと考えていた。

　情報の収集は急務であった。パークス・カナダやその他の機関が、「オオカミの順応＝人間への脅威」という構図を作り上げようとしていたのだ。管理者たちの多くは、道路にやって来るオオカミは順化して、人間に危害を及ぼすようになると考えていた。しかし幸い、この仮説が正しいと証明されることはなかった。むしろ、私たちの観察から、ボウ渓谷のオオカミは性格の違いにかかわらず、人間に危険行為をはたらくことはないとわかっていたのだ。そして私たちは、オオカミの性格分類の実地試験を繰り返し、最終的にはタイプA・タイプBのどちらのオオカミも、公園を訪れる人々に危害を加えることはないと証明した。

　環境に順応し、ボウ・ヴァレー・パークウェイにも姿を現すようになったパイプストーン一家（1年目はほとんど姿を見ることはなかった）を観察し、内向的・外向的タイプを特定した私たちの目的が、これでおわかりいただけただろうか。

○テスト1

　オオカミが森で移動を始めると、道路の横断地点にプラスティック製の「バナナの皮」を置く（オオカミがはじめて遭遇する物体）。そして車を500メートルほどバックさせて、車内で待機する。たとえ1頭がバナナの皮に気づいても、そのまま一家が素通りしてしまうこともあった。オオカミがバナナの皮に気がつけば、接近するまでの時間を最長3分の時間制限を設けて測定し、それを記録した。バナナの皮に素早く接近した個体はタイプAに分類し、ゆっくりと

接近するか、あるいはまったく近づこうとしなかった個体をタイプBに分類する。つまり、オオカミがはじめて遭遇する物体に反応を示すまでの時間を測定するのだ。

○テスト2

　テスト2はテスト1と同じ状況下で、「バナナの皮」に三脚付きのカメラを取りつけて行った。タイプAのオオカミは、すぐさま興味を示して接近する。軽はずみな行動に走る傾向が顕著にあらわれていた。一方、タイプBのオオカミは、三脚とカメラを怪しむように、用心深く座ったままじっと見つめ、次に何が起こるか観察する。なかなか近づこうとはせず、ときには大きく迂回して行ってしまうこともあった。

　動物の探索行動、特に未知の物体に対する反応の記録は、その個体の性質を特徴づけ、性格分類するための重要な手がかりになる。直接観察によるテストの代わりに、無人カメラを用いた観察も有効だ。

パイプストーン一家の性格分類：
2009年から2010年

　パイプストーン一家の繁殖ペアが互いに異なる性格タイプだと判明しても、それに対する驚きはなかった。私たちは過去の調査から、タイプAとタイプBは言うなれば中国思想の「陰陽」のようだと考えていた。リーダー雄であるスピリットはタイプBの性質が強く、

息子のスコーキーとローグ、娘のレイヴンも同じような性格だった。一方、大胆で好奇心旺盛なフェイスは、探索的なタイプAに分類された。息子のチェスリーと娘のブリザードも、フェイスと同じタイプAだった。タイプAとタイプBの行動比較のために念頭に置いておくべきは、テストの目的が総合的な適応度調査ではなく、未知の状況や物体に対する反応の観察だということだ。

パイプストーン一家の移動を観察していて驚いたのは、個々の性格が多岐にわたっていたことだ。タイプBのオオカミには道路移動に多少のためらいが感じられるが、タイプAのオオカミはむしろそれを楽しんでいるように見える。野生動物管理者たちはおそらく、道路を避ける内向的なオオカミのほうが事故の遭遇率が低いと考えるだろうが、私たちの観察ではその逆の傾向が浮き彫りとなった。タイプBのオオカミのほうがタイプAのオオカミよりも、道路などの人工施設で命を落とす件数が多かったのだ。

私たちは2005年から2007年の3年間、イタリアのトスカーナで野生のイヌ家族を研究する「トスカーナ・ドッグ・プロジェクト」を実施した。プロジェクトでは、臆病な個体と大胆な個体の基本的性質の分類を行い、性格の選別過程を経験した。当時は2つのタイプを「内向性」「外向性」と区別していた。バンフでもフェアホルム一家（2000年から2003年）とボウ一家の2家族でも同じような性質テストを行った。

バンフの2家族の繁殖ペアも、雄雌の性格がタイプA、タイプBのどちらかに偏ることはなかった。つまり、どちらの家族の「幹部」も一方がタイプA、もう一方がタイプBというふうに、性格タイプの異なるペアで成り立っていたのだ。これは、パイプストーンの2頭のリーダー、フェイスとスピリットにも言えることだ。また、未知の物体や状況への自発的行動反応を観察する2種類のテストも実施したが、1頭のオオカミにタイプAとタイプBの両方の性質があらわれるケースは認められなかった。とは言え、タイプBのオオカミがレベル0から10までの「臆病度」、あるいはタイプAのオオカミがレベル0から10までの「大胆度」を示すことはあった。

パイプストーン一家の若いオオカミの中では、チェスターとリリアンが比較的大胆なタイプA、メドウが非常に臆病なタイプBに分類された。前述のとおり、成熟期を迎えた雄のスコーキーは家族のもとを離れ、なわばりから東へと向かった。とても控えめなタイプBの彼がそのような行動をとったことで、「臆病なオオカミはボウ・ヴァレー・パークウェイの交通量に多大なる影響を受ける」という仮説が裏付けられた（この説については、2002年の論文「ボウ・ヴァレー・パークウェイがボウ渓谷のオオカミ群の移動パター

成獣に成長したスコーキーをジョンが撮影した唯一の写真。スコーキーにはタイプBの性質が顕著にあらわれていた。

ンに与える影響」で考察している）。風光明媚なボウ・ヴァレー・パークウェイには観光客が多数詰めかける。その数が多くなればなるほど、人間たちの活動があらゆる野生動物種に、より大きな影響を及ぼすようになることは明らかだった。

ブリザード：タイプＡのオオカミとコヨーテの遭遇

2010年12月下旬、ボウ渓谷のランデブーサイトでは、オオカミたちが活発な動きを見せていた。いたるところに痕跡が残され、オオカミ探索犬のティンバーも本領を発揮した。ある日、新しいオオカミの足跡を熱心にたどっていたティンバーは、振り返って私たちを見つめた。その表情はまるでこう語りかけているようだった。「冗談でしょ？　何が起ころうとしているかわからないの？　もっと鼻を使わなきゃ！」

ティンバーは近くにただならぬ気配を嗅ぎ取ったようだ。しかし、私たちには何も見えず、もちろん何も嗅ぎ取ることができなかった。足跡をじっくり調べてみると、どうやら家族は1頭を残して、前の晩にランデブーサイトを出たようだ。私たちは雪の中を引き返し、車の中で待機した。すると数分後には予想通り、シカの脚を持ったブリザードが小さな丘の上に現れた。そしてその直後、ティンバーの鼻が正しかったと証明される場面に私たちは遭遇した。

ブリザードの視線の先にあったのは、おとなのコヨーテの姿だった。2頭いる。1頭が丘の中腹から、射るような視線を送るブリザードに向かって吠えはじめ、あろうことか茂みにマーキングをして地面をかいた。私たちは驚いた。「なんて鼻っ柱の強いコヨーテなんだ」。コヨーテは勇ましくブリザードに接近した。コヨーテがオオカミを挑発するなどめずらしい。しかし、そのコヨーテは逃げ出すところか、一歩も引こうとしなかった。挑発を受けたタイプＡのブリザードに迷いはなかった。吠え続けるコヨーテに突進していく。軽はずみに反応するタイプＡの典型的な行動だ。私たちは既視感に襲われた。

攻撃に出ることを選択したブリザードは、雄のコヨーテを追いかけた。すると、もう1頭の雌のコヨーテが、ブリザードが持ち帰ったシカの脚を意気揚々と掲げて持ち去ったのだ。5分後、丘の上に戻ったブリザードは、シカの脚がなくなっていることに気がついた。殺気立った様子で地面を嗅ぎまわっていたが、結局は自分の「向こう見ずな行動」の代償として、その事実を受け入れざるを得なかった。固い絆で結ばれた2頭のコヨーテの連係プレーに、ブリザードは敗北を喫したのだ。

動物行動学者が言いそうなことはわかっている——「コヨーテに策略などない。すべては本能が起こした行動だ」。しかし、そこに落とし穴がある。フランス・ドゥ・ヴァールのことばを紹介しよう——「本能を超える情緒反応の美しさは、それを予測できないところにある。神経学的および生理的な変化は反射的に起こるが、誘発行動は状況と経験により変化するのだ」(注5)

キャッスル・マウンテン付近に現れたブリザード。2010年12月撮影。

2011年に誕生した7頭の子オオカミのうち6頭が、たそがれどきの散歩を楽しんでいる。

冬のボウ渓谷では、
大型イヌ科動物とその獲物となる動物たちが
低地エリアに密集する。
前章でも触れたように、渓谷には道路や鉄道が敷かれているが、
パイプストーン一家が覇権を握るようになってからというもの、
ボウ・ヴァレー・パークウェイでは毎日のように
オオカミたちの姿が見られた。
しかし、人工施設に平然と接近するオオカミたちも、
公園を訪れるハイカーやバイカーやスキーヤーなど、
突如として現れる人間への恐怖心は克服できず、
攻撃的な行動に出ることもなかった。
つまり彼らは、人間に「順化」していなかったのだ。

3 パイプストーン一家の最盛期

しかし2010年から2011年の冬、パイプストーン一家の一部のメンバーが、人的要素に強い関心を示しはじめた。チェスターに代表されるタイプAのオオカミだ。ヘラジカのような大型動物にも臆することなく向かっていくタイプで、徒党を組んでは駐車車両に興味津々で接近した。2歳を迎えようとしていたブリザードも、ある種の刺激に引き寄せられる傾向にあった。ブリザードは相変わらず草原の真ん中でネズミを追いかけ、何時間も飽きることなく飛び跳ねていた。

2011年1月半ば、生後9カ月のリリアンがはじめて冒険に繰り出した。一家のなわばりの南東にある小さな渓谷へ出かけたのだ。リリアンはそこで、カンジキウサギとマーモット［訳注：リス科の動物、北米に生息する種はウッドチャックとも呼ばれる］を狩っていた。リリアンがあまりにもあっさりと親離れしたことに私たちは驚いた。交配期の影響かと思ったが、当時リリアンはまだ幼かった。オオカミは1歳を迎えるまで交尾をしない。リリアンは2011年2月から4月まで、家族のもとを離れては戻るという生活を続けた。私たちが彼女の姿を最後に見たのは2011年6月。1歳2カ月のときだった。一家の中で従属的な地位にある個体なら、そのくらいの年齢で行方をくらましても不思議はない。家族のもとに留まれば、序列最下位の「オメガ」の役目を押し付けられる。繊細なタイプのオオカミがその道を選択することは少ない。その後、友人のヘンドリク・ベッシュから、リリアンがカナナスキス・カントリーに向かったという報告を受けた。

私たちはその冬、オオカミとイエイヌとの一触即発の場面を2度も目撃した。1度目は2010年12月の終わり頃で、リードを外した雌のテリアがやかましく吠えながら、ブリザードからわずか50メートルの地点まで走ってきた。はじめはただテリアを見つめていただけのブリザードも、最後には堪忍袋の緒が切れたようだ。彼女は猛然とテリアを追いかけ、テリアは飼い主がいるほうへ必死で駆けた。50メートルほど追いかけただろうか。飼い主はあわてて愛犬を抱き上げると、車の中へ押し込んで走り去った。

2度目は2011年始めの繁殖期の真っただ中に、ボウ・ヴァレー・パークウェイの起点で起こった。やはりリードを外された雄のボーダー・コリーの雑種犬が、フェイスを見つけて興奮し、森の中まで追いかけたのだ。しかし、幸いイヌは賢かった。スピリットのにおいを瞬時にキャッチし、直後にその姿を目でとらえるや、森の外へと一目散に飛び出した。スピリットはあからさまな攻撃を仕

単独で行動するリリアン。2011年2月撮影。リリアンがはじめて家族のもとを離れたのは2011年1月、生後9カ月の頃だった。

掛けたわけではなく、ただ捕食行動の前兆を見せただけだ。鋭い視線を投げかけ、繁殖のライバルと見なす意思を示したのだ。スピリットのメッセージを理解した雑種犬は、ひらりと踵を返し、飼い主のもとへ戻っていった（飼い主はオオカミに気づいていないようだった）。

チェスターとワタリガラス

　チェスターの特徴は胸の大きな白斑だ。遠目からでも彼だとわかる。2011年1月下旬、私たちはヘラジカを食べるパイプストーン一家を6日間にわたり観察していた。その時期はまだ交配期のただ中で、フェイスとスピリットにも何百メートルも寄り添って散歩するなど、求愛行動が確認された。1月21日、繁殖ペアが丘の向こうへ消えた。午後になると、チェスターが姿を現した。お目当てはヘラジカの残り物だ。チェスターの頭上、わずか3メートル上をカラスの群れが飛んでいる。しかし、当のチェスターはまったく気にもしていない。そんなことより、ヘラジカのごちそうのことで頭がいっぱいだったのだろう。後ろ脚2本に手つかずの頭部、肉片がついた骨と毛皮がたくさん残っていた。

　チェスターがヘラジカの後ろ脚に飛びついて、寝そべったままがっつきはじめる。カラスたちもチェスターのまわりに降り立った。1羽はチェスターの顔からほんの25センチメートルの場所にいる。それでも両者に何も起こらなかった。オオカミはカラスを襲わないのか？　いや、たしかに殺すこともある。カラス嫌いのオオカ

2010年から2011年の冬、チェスターを含む何頭かが人的要素に強い関心を示し、駐車車両に近づいては周囲を嗅ぎ回っていた。

ミなら、チャンスとあらば仕留めにかかるだろう。しかしその一方で、カラスと共生関係を築くオオカミもいる。その関係は短命に終わることもあれば、長期にわたることもある。ボウ渓谷で暮らすオオカミ一家の子供たちは、巣穴付近で特定のカラスたちとたびたび交流していた。

カラス研究家のバーンド・ハインリッチがドイツのイヌ雑誌に書いた記事によると、カラスは何百年にもわたるオオカミとの共生の中で進化の道をたどったのだという。カラスはオオカミに生得的な絆を感じ、近くにいることを好むのだ。カナダの先住民族の中には現在も、カラスを「オオカミの目」と表現する人々がいる。私たちもオオカミのランデブーサイトや食糧置き場で、よそ者の接近を察知したワタリガラスの鳴き声を聞いたことがあった。

ハインリッチによると、カラスが「キーキー」と鳴き声を上げるのは、仲間だけでなくオオカミに対するコミュニケーション行動でもあるのだそうだ。ボウ渓谷で私たちが何年も耳にしていたカラスの声は、オオカミへの警告音だったのだ。そう考えると、こっそりオオカミに近づいて写真を撮ろうと、意気揚々と渓谷へやって来る人々が滑稽にさえ思える。彼らの行動はすべてカラスにお見通し。そして、カラスの警告を受けたオオカミもまた、そこにカメラを抱えた人間がいると気づいているのだ。

オオカミとワタリガラスは長い進化の歴史を共有している。北欧神話に登場する戦の神オーディンは、フギンとムニンという名の2羽のワタリガラスをかたわらに置き、ゲリとフレキという2頭のオオカミを連れていた。どうやら、オオカミとワタリガラスの絆と生物学的な結びつきに無頓着だったのは、われわれ現代人だけだったようだ。

チェスターとワタリガラスの交流を丸1時間も観察していると、1羽のワタリガラスがチェスターのそばに寄り、接触すら試みていることに気がついた。おそらく、チェスターと同じ大胆な外向的タイプAなのだろう。すると突然、ワタリガラスがチェスターの肩の後ろに止まり、そのまま1分ほど彼の背の上で休んだ。チェスターは、それがまるで当然のことのように無反応だった。防御反応はおろか、カラスを振り落そうともせず、彼はただそこに座っていた。思わずため息が出るようなすばらしい光景だった。こうして私たちは遅ればせながら、オオカミとワタリガラスの友情を知ったのだ。

カナダの先住民族の中には現在も、カラスを「オオカミの目」と表現する人々がいる。

しばらくすると、チェスターは近くの林へゆっくりと入っていった。ワタリガラスも彼の頭上をついていく。このように、ときおり単独で行動するオオカミとワタリガラスが行動をともにし、連れだって散歩に出かけることもある。私たちは両者の関係が、野生における異種共生の解明の足がかりになると考えた。

新しい巣穴とランデブーサイト

私たちがパイプストーン一家の引っ越しに気がついたのは2011年2月のことだった。観察のほとんどを車中から行っていたため、確信が持てるまで時間がかかってしまったが、どうやらフェイスはボウ一家のかつての巣穴を使いはじめたようだった。そこは、人間が支配するボウ渓谷の中心にありながら、人間活動とはほぼ無縁という希少なエリアだった。

2011年3月17日、パイプストーン一家は鉄道に近い新しいなわばりの中心地で、巨大な動物の死骸を発見した。チェスターとメドウは死骸の後ろ脚をむさぼり食っている。双眼鏡でのぞくと、それは列車にはねられたヘラジカだった。そして翌朝、悲劇が起こった。生後11カ月のメドウが列車にはねられ、命を落としたのだ。パイプストーン一家はこれでフェイス、スピリット、ブリザード、チェスターの4頭になった。

2011年4月12日午前9時20分。出産を間近に控え、はち切れそうなお腹を抱えたフェイスが巣穴に入った。その後3週間、彼女の姿を見ることはなかった。狩りができない彼女の穴を埋めるため、

そして一家の頂点に君臨する繁殖雌に栄養をつけさせるため、ほかのメンバーたちはより一層狩りに励まねばならなかった。

上空や木々にワタリガラスやカササギが群がっていれば、その眼下には必ず鉄道で犠牲になった有蹄動物の屍がある。2009年10月15日から2011年4月15日までの紙面から、パークス・カナダの報告に基づく記事を拾ってみると、鉄道での大型哺乳類の轢死件数は46頭にものぼっていた。

私たちは2011年の観察でも、ティンバーの嗅覚に協力を求めた。すると、外向的なタイプAのティンバーは、オオカミたちの新しいランデブーサイトをいとも簡単に発見し、さらにはその後たった2、3日のうちに、パイプストーン一家が新しい行動中心域に定着したことを教えてくれた。2011年4月18日には、新しいランデブーサ

ハクトウワシが3羽のワタリガラスとともにオオカミの食糧置き場の上を旋回している。

イトでブリザードがネズミ狩りに勤しむ姿を観察できた。ブリザードは太陽の光をいっぱいに浴びながら、午前10時頃までたっぷり1時間、何者にも邪魔されることなく飛び跳ねていた。ネズミ狩りを終えた彼女は、新しい巣穴に向かってボウ・ヴァレー・パークウェイを駆けていった。

　一家はなぜ、ブリザード、スコーキー、レイヴン、チェスター、そしてリリアンが誕生したもとの巣穴を捨てたのだろう。手がかりは何もなかった。オオカミが巣穴を捨てることはまれだ。古い巣穴と新しい巣穴は、どちらも身を隠すにはもってこいだった。なわばりを見渡せる丘がいくつかあり、水場もあった。安心して子育てするための条件がどちらの巣穴形成地にも備わっていた。しかし、獲物の数がきわめて少ないボウ渓谷の西部に比べて、新しい巣穴周辺のほうが有蹄動物の数が多かった。もしかすると、それが引っ越しの決め手となったのかもしれない。

　パイプストーン一家は新天地でも柔軟な順応行動が求められた。実は、渓谷の東部でも西部と同じく、パークウェイ沿いのアメリカアカシカの頭数が壊滅的な状態だったのだ。雌ウシや若いアメリカアカシカの姿はほとんど見られず、雄ウシがわずかに生息しているだけだった。そのような状況では柔軟な狩りのスタンスを保つほかない。彼らはまた、人間の活動域の周辺で安全に行動することに長けていたが、人間に順化することはなく、人間との揉め事を極力避けていた。彼らがとった順応戦略は、明け方と夕暮れどきの薄暗がりの中で活動することだった。

　2011年7月上旬、ブリザードが7頭の子オオカミを連れて、早朝や夕方に散歩に出かける姿を何度か見かけた。子供たちは「ブリザードおばさん」が大好きだった。ブリザードは、子供たちがじゃれついても、飛びついても、周りで走り回っても、辛抱強く穏やかに見守っていた。

　その夏、ブリザードやほかのメンバーたちが、明るい光が射す午前中や夕方の早い時間帯に観察されることもめずらしくなかった。夜間や夜明けや夕暮れときのほうがより活動的になるのは、過去の経験（ネズミ狩りなど）に根ざした行動傾向であり、そこにも彼らの行動選択の柔軟性がある。なわばりの中心地で彼らの姿を観察できた時間帯の内訳としては、明るい日中で（夜明けの2、3時間後から日没の2、3時間前まで）約35％、夜明けと夕暮れの時間帯で約65％だった。

バックスワンプにあるカナダ太平洋鉄道の線路脇で動物の骨を噛むブリザード。

パークス・カナダの立て看板

　ボウ渓谷の親オオカミは毎年一貫して、ボウ・ヴァレー・パークウェイに近い静かな巣穴形成地で子育てをしていた。長きにわたる観察分析の中で、1995年から2010年には、巣穴形成地周辺での子オオカミの事故死件数が「0」を記録した。オオカミの子供たちも人間を避ける術を学んだのだ。オオカミはみな幼い頃から、驚異的な順応行動戦略を発達させていた。

　しかし2011年初夏、事件は起こった。パークス・カナダが一家の巣穴エリア周辺に巨大看板を設置したのだ（看板には「立ち入り禁止」「速度制限時速30km」と書かれていた）。6月27日から30日にかけて、早朝に巣穴を出た子オオカミたちが周辺を駆け回っていた。するとそこへ運悪く観光客がやって来た。カリンと私ははじめから、速度制限と立ち入り禁止を告げる大きな立て看板が問題の種になるとわかっていた。これではまるで一般人に「どうぞオオカミを探しに来てください」と招待状を送っているようなものだ（それまで巣穴を見守っていたのはジョンとカリンと私だけだった）。

　6月30日の朝、SUVの中で待機していると、その日はじめて通りかかった車が私たちのそばに停車した。そして、地元カメラマンだという人物がストレートにこう尋ねてきた。「オオカミの子供を見かけたかい？」　子オオカミの姿は毎朝目にしていたが、私たちはその情報を誰にも洩らしたことがなかった。それなのに、パークス・カナダが思い切った「宣伝」を仕掛けたせいで、私たちは突如として、押し寄せるオオカミ見物人のただ中に放りこまれてしまっ

左：公園管理局が掲げた看板。巣穴エリアを「公表」し、立ち入り禁止区域だと伝えている。

右：巣穴を「宣伝」するパークス・カナダの看板のそばを歩くジェニー。

左：夕暮れどきに子供たちを連れてボウ・ヴァレー・パークウェイを散歩するブリザード。一番前の子オオカミが年長の姉に接近しつつ、服従の姿勢を見せている。服従行動は強要されるのではなく、下位の個体が上位の個体に自然と示すようになる。

右：年齢支配を示す1枚。子オオカミが身を投げ出して服従ポーズをとっているが、ブリザードはそれを無視している。

たのだ。

　「オオカミ見物」はあっという間に広まった。車中から静かにオオカミを見守るなど、彼らにできるはずもない。車から降りてオオカミたちを追いかけるカメラマンがあとを絶たなかった。彼らの目的は、とにかくオオカミを写真に収め、ネットに投稿することだった。

　フェイスブックで「いいね！」を集めたいがために、パイプストーン一家の巣穴形成地に一日中張りついている者もいた。成獣でも幼獣でも、とにかくオオカミを路上に見つければ、すぐさまそのあとを追いかける。2011年7月3日午後5時12分、子オオカミを連れて道路に出たブリザードも同じ目に遭った。パイプストーン一家のオオカミから100メートルの距離を保っているのは、私たちとごく少数の者だけだった。

　2011年初夏に巣穴周辺で巻き起こった騒動の最中も、私たちは188回の直接観察を行い、その結果を一覧に分類し、フィルムに収めた行動を分析した。行動分析では、子オオカミの性格を示す映像と、若いオオカミやおとなのメンバーとの相互作用行動に関する映像を選別した。記録をまとめることで、個々のオオカミがいつ、どこに出向き、巣穴エリアを何度出入りしたか分析することができた。

　2011年7月4日、7頭の子オオカミとともに巣穴を出たブリザードが、例のワタリガラスの母子4羽を頭上に引き連れ、新しいランデブーサイトへ向かった。午前7時16分、オオカミたちは遠吠えの合唱を始めたが、そのイニシアチブをとっていたのは最年長のブリザードではなく、1頭の黒い子オオカミだった。その翌日、私たちはブリザードの行動に目を見張った。巣穴から離れ、道路を東へ向

かう彼女の前に、1頭のコヨーテが現れた。しかし、ブリザードはコヨーテに見向きもせず、何食わぬ顔で移動を続けたのだ。その姿は、コヨーテに対する反応が個体によって異なることを示していた。

巣穴形成地周辺が車の往来でますますにぎわうようになると、オオカミたちは少しずつ、しかし確実に、社会的ストレスを抱えるようになった。彼らは深刻な食糧難にも直面していた。公園の来訪者数が爆発的に増加しているというのに、連邦政府は不条理にも国立公園管理にかかる予算をカットした。私たちはそれでも、オオカミの狩猟活動を妨害する人間の愚かしさを訴え続けた。

2011年7月6日、フェイスとスピリットと5頭の子供たちが、普段とは違う行動を見せた。丘の急斜面を上り、その先にある亜高山エリアへと入っていったのだ。彼らのお目当てはビッグホーンだった。渓谷の谷底では狩猟中に邪魔が入るからだろう。7月11日には、子オオカミたちも無事に谷底のランデブーサイトに戻った。

狩猟行動

私たちはその夏、ボウ・ヴァレー・パークウェイで2種類の狩猟形態を観察した。1つめはジリスなどの小動物の狩りだ。オオカミは獲物を目で追う「アイ・ストーキング」ののち、獲物に飛びかかる。「アイ・ストーキング」をするときは、頭部を背と水平かそれより低く保ち、耳を前方に向けて聞き耳を立て、目は獲物から片時も離さない。2つめはシカを狩るときの狩猟形態で、オオカミたちは獲物を追うか、行く手をブロックする戦術をとっていた。

2011年4月中旬から7月中旬までの間には、小型動物やシカを狩るスピリット、フェイス、ブリザードが、観光客やカメラマンに邪魔される現場を17回目撃した。図表3.1は、その17回の狩猟妨害について個別の回数と割合をまとめたものである。

狩猟妨害を観察したところ、狩りを邪魔した者は17回すべてにおいて、オオカミの撮影に失敗していた。ワタリガラスがオオカミに警告したのだろう。前述のとおり、オオカミが狩りに出かけるときは、ワタリガラスが群れを成して頭上をついていく。ワタリガラスにもオオカミと行動をともにする利点がある。オオカミが獲物を仕留めれば、ワタリガラスはそのおこぼれに与るのだ。鉄道沿いに動物の死骸が転がっていれば、オオカミがアメリカアカシカやヘラジカの厚い皮を裂き、肉をあらわにしてくれる。

ワタリガラス研究家のバーンド・ハインリッチによると、ワタリガラスはオオカミを「守護者」と認識しているらしい。ワタリガラスが動物の死骸を見つけても、オオカミが不在のときは不安定な挙

ヒルズデール・メドウで遠吠えをするブリザードと子オオカミ。

動を見せることが多い。私たち彼らのそんな行動をよく目にしていた。そしてオオカミも、コヨーテやテンやキツネは追い払うが、ワタリガラスがどれだけ近くに寄ろうともそれを受け入れるのだ。

強いられた引っ越し

2011年7月4日、パイプストーン一家のオオカミたちは巣穴エリアを出て、近くの草地のランデブーサイトに集合していた。7頭の子オオカミが巣穴を離れたのは、おそらくこのときがはじめてだった。私たちが記録した中では、子が生まれてから巣穴エリアを出るまでの期間が最も短かった（ベイカー・クリークの巣穴を離れて以降）。子オオカミを含め、メンバーはみな健康そうだった。翌朝、私たちは7頭の子オオカミをフィルムに収めた。4頭は黒の雄で、2頭は黒の雌、そして残りの1頭は灰色がかった茶色の美しい雌だった。

2011年7月27日、フェイスは家族を連れてボウ川沿いを南下す

辛抱のない地元カメラマンがスピリットの狩猟を邪魔している。

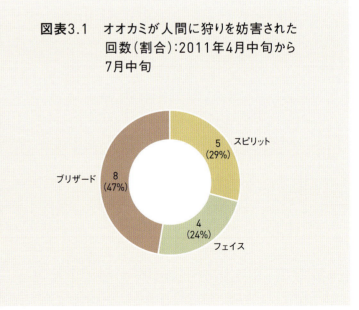

図表3.1　オオカミが人間に狩りを妨害された回数（割合）：2011年4月中旬から7月中旬

ると、躊躇なく線路沿いを西へ向かった。しかし翌朝、一家を不幸が襲う。子オオカミのうちの1頭が鉄道で事故死したのだ。次の朝、フェイスとブリザードと子オオカミたちは、西方の古いランデブーサイトにいた。午前6時25分、フェイスが子供たちに囲まれて草原に横たわっていた。

2011年8月4日、オオカミを愛する者として感動すら憶える、非常に印象深いシーンを目撃した。早朝、道路に出てきた3頭の子オオカミが森の中へ入った。その3分後、シナモンカラーのアメリカクロクマの母子が一家の巣穴の前を通りかかった。私たちは車中から固唾をのんで見守った。しかし、母グマを攻撃しようと出てくるオオカミは1頭もいない。母グマはしきりとにおいを嗅ぎ、緊張感を漂わせながらも、堂々と一家の巣穴をやり過ごした。オオカミは近くにいるはずだった。ほんの30分前、私たちはブリザードとスピリットが道路を横断するのを確認していたのだ。

その日の夕刻、まるでクマを見過ごした朝の埋め合わせをするかのように、スピリット、ブリザード、フェイスの3頭が雄のアメリカアカシカを取り囲み、襲いかかろうとしていた。アメリカアカシカは好戦的な構えだった。3頭が相手の出方をうかがっていたそのとき、子オオカミたちがひょっこりやって来た。立ちはだかる巨大な敵に、子オオカミは完全に圧倒されていた。おとなたちはその様子をとても見ていられなかったらしい。ひらりと踵を返すと、子オオカミを連れてランデブーサイトへ足早に戻っていった。

8月8日、しばらく単独で行動していたチェスターが一家に合流し、その後まもなく子オオカミとともに道路を移動した。一家は

フェイスに率いられ、プロテクション・マウンテンを目指して西へ向かっていた。しかし8月23日、彼らは進路を変更し、古いランデブーサイトのそばを通って、キャッスル・マウンテンがある東へ向かった。その夜か翌朝早く、一家はボウ川を泳いで渡ったらしい。8月24日午前6時41分、一家はサンシャイン渓谷の高台にある草原で眠っていた。しかし、チェスターと黒い子オオカミ1頭の姿がない。子オオカミはボウ川で溺れてしまったのだろうか……。

一家が幼い子オオカミを連れてボウ川を渡る危険を冒したことに、私たちは驚いた。フェイスとスピリットはすばらしい親だった。彼らが置かれた状況と危険負担を鑑みれば、おそらくそれ以外に選択肢がなかったのだろう。最優先すべきは食糧の確保だ。それに、オオカミは生後11週を過ぎれば比較的泳ぎが達者になる。しかし、春と夏に氾濫したあとのボウ川の流れは予測不能だ。幼い命に容赦なく牙をむいたとしてもおかしくはなかった。

それ以前にも、親オオカミが子供や従属メンバーを連れてボウ川の横断地点へ向かうところは何度も見ていた。私たちは過去15年にわたり、親オオカミと子オオカミがどれだけ正確に横断地点にたどり着くのか、GPS装置を用いて分析を行っていた。分析結果には驚かされた。なにしろ一家の親はみな、年に何十回と訪れる川の横断地点に、最大1.5メートルの誤差で毎回たどり着き、子供たちを渡らせていたのだ。

ボウ渓谷の食糧不足は深刻だった。パイプストーン一家が問題に直面するのも時間の問題だ。フェイスとスピリットは一家が生き残るための策を探さねばならなかった。8月にサンシャイン渓谷へ向

プロテクション・マウンテン付近に来た黒い子オオカミ。2011年8月撮影。

かったのも、食糧探しのためだろう。しかし、サンシャイン渓谷にはクマが多く、谷底でもヒグマやアメリカクロクマに遭遇する可能性が高い。子供たちを連れて行くにはあまりにも危険が多すぎた。

8月25日午前7時、フェイス、スピリット、ブリザードと子供たちは、サンシャインの外れにある小渓谷にいた。急な斜面を上ると、スピリットはビッグホーンを追いかけはじめた。フェイスと3頭の子供たちはスピリットのわずか100メートル後方で見守っている。スピリットの追跡は失敗に終わり、オオカミたちは丘を下りてサンシャイン・ロードに戻った。その渓谷にパイプストーン一家がいることを知るのは私たちだけだった。私たちは何時間も、彼らが渓谷を探索し、道路の真ん中で戯れる姿を観察した。そして、人間に邪魔をされないときの順応行動をそこで改めて確認したのだった。

8月27日には、人工環境における一家の順応行動を観察した。早朝、フェイスとスピリットが一家の先頭に立ち、ゴンドラ乗り場のそばを歩いていた。車中で待機する私たちのほかに誰もいない。人の気配がなかったから、建物のすぐそばを通過したのだろう。建物に最も興味津々だったのはブリザードだった。においを嗅ぎ、建物の周囲を探索している。一家はどんどん先を急いだ。その行動を見れば、オオカミに対して「嫌悪療法」や「条件付け」を行う必要がないとわかる。もしもあの朝、人間がその場にいたら、フェイスをはじめほかのオオカミたちは回避行動をとっていたはずだ。彼らには生息環境を理解する能力が備わっているのだ。

パイプストーン一家の目的地は、おそらく高山植物帯のヒーリー・パスだろうと思われた。そこには野生のヒツジやシロイワヤギが多く生息し、人間の影はほとんどない。子オオカミたちが険しい地形で狩りに参加し、生命にかかわる危険に直面する可能性もある。しかし、ヒツジやヤギに加えて、わずかながらもシカやヘラジカが生息するその土地は、子連れで1日か2日滞在するには悪くない。むしろ、サンシャインを経由してヒーリーを目指す旅は、食糧が枯渇したボウ渓谷に子供たちを残して行くより、ずいぶんましな選択だったと言えよう。

8月29日午後、サンシャイン渓谷で3頭の子オオカミが動物の死骸に集まっていた。骨や脚の一部を運んでいる。死骸そのものは確認できなかったが、ワタリガラスがいたから間違いない。そのエリアから2頭の子グマを連れたヒグマの母親が出てくるところを見かけたが、おとなのオオカミの姿は見えなかった。ここ数週間というもの、その渓谷の高台でおとなのオオカミを見かけることはほとんどなかった。姿が見えないときは、有蹄動物を狩っているか、死骸を探しに出かけていたのだろう。ワタリガラスがたくさん集まっていたのでわかる。

2011年9月の終わり、オオカミたちはボウ渓谷に戻った。しかし、子オオカミのうち2頭の姿が見えなかった。おそらく死んでしまったのだろう。死因はわからなかった。9月27日午前9時15分、ブリザード、フェイス、スピリット、そして残された子供たちが、ボウ渓谷でアメリカアカシカ数頭を狙っているところをフィルムに収めた。残念ながら狩りは失敗に終わり、オオカミたちはその後、午前10時23分にボウ・ヴァレー・パークウェイを渡った。しかし、万事休す。一家の行く手に、少なくとも5人のドライバーが

サンシャイン・ロードに佇むブリザード（左）とフェイス（右）。2011年8月下旬撮影。

待ち構えていたのだ。彼らは嬉々としてオオカミたちを追いかけはじめた。ボウ渓谷に帰還したオオカミたちはふたたび、狩猟妨害の問題に直面することになったのだ。

その年の5月から9月にオオカミが消費した獲物の種を見れば、パイプストーン一家の狩猟行動戦略が大きく変化したことがわかる。前述のとおり、アメリカアカシカの頭数が劇的に減ったため、オオカミたちの狩りの傾向も激変した。アメリカアカシカの雄や群れを狙う場面も見かけたが、私たちが把握している限り、その夏オオカミが殺したアメリカアカシカはたった1頭だった。直接観察の結果をまとめると、夏にオオカミが消費したオジロジカは38%減、ビッグホーンが45%増だった。ヒツジの死骸のほとんどはサンシャイン渓谷で見つけたものだ。少なくとも2頭のシロイワヤギが（1頭はサンシャイン渓谷、もう1頭はボウ渓谷で）オオカミたちの餌食となったが、どちらもオオカミが狩ったものなのか、見つ

けた死骸なのかはわからなかった。

サンシャイン渓谷ではチェスターの姿をほとんど見かけなかった。私たちは彼が1歳半を迎えた2011年9月下旬に、家族を離れて独り立ちしたのだろうと考えた。2011年12月始めに、レイク・ルイーズのアウトレット・クリーク付近で見たという友人からの報告を最後に、チェスターの目撃情報は途絶えた。

パイプストーン一家の構成：2011年夏から秋

2011年の夏から秋にかけて、一家を慎重に観察し、同年4月半ばに誕生した子供たちの生き残り4頭を性別・性格別に分類した。性格テストにより、4頭のうち黒い雌の「ユマ」のみが外向的タイプAと判定され、残りの3頭は少しずつ趣の違うタイプBに分類された。黒い体に細かな白斑が入った内気な性格の「キミ」、シルバーと黒の内向的な「ディンゴ」、ゴールドとグレーの体に黄土色の頭部が美しい雌の「ジェニー」だ。

夏から秋の入りまで、主に子供たちのベビーシッター役を務めたのは、彼らの姉のブリザードだった。フェイスとスピリットがシカやヒツジやヤギを求めて亜高山帯に出かけている間、彼女が子オオカミの面倒を見て、一緒に遊んでやる。一家の親オオカミ2頭はサンシャイン渓谷の高台で、有蹄動物の種を吟味しては狩っていた。2頭はどうやら、家族に食べさせられるだけの獲物を手に入れる術を学んだようだった。

2011年10月、一家のおとなのオオカミ3頭が毎日のように渓谷

の谷底（ボウ川の近くが多かった）に集まり、しばしば子供たちを連れてボウ・ヴァレー・パークウェイ沿いを往来する姿が確認された。10月下旬、子供たちは生後6カ月半を迎えていた。

　一家はまた、渓谷の行き来に線路をよく使っていた。線路沿いで観察すれば、どの個体がどのくらいの頻度で一家を率いているかがよくわかる。私たちは観察を通して、生後5カ月未満の子供は列の前方に出ず、子オオカミの親オオカミへの依存度がきわめて高いという仮説を検証しようとしていた。

　2011年7月末から9月上旬まで、車から降りて直接観察を行ったのは39回。その目的は、道路移動の際に家族を率いる個体（子オオカミを含む）を特定することだった。図表3.2は、その観察結果をまとめたものである。

狩りの最中に

　2011年7月22日の早朝、遠くの丘をスピリットが足早に上っていく。雲が重く垂れこめる中、スピリットの姿はまるで天に昇ったかのようにすぐに見えなくなった。1分後、私たちは低い柳の根元に横たわるフェイスとブリザードを発見した。休息をとっているのかと思ったが、そうではなかった。私たちはその直後、オオカミ同士の関わり合いや獲物との関係性を何十年も見つめてきたこのボウ渓谷で、「迎撃狩猟」なるものをはじめて目撃したのだ。絶好のタイミングで現場に居合わせる感動に勝るものはない。バンフの知られざる姿を最前列で堪能できる贅沢。オオカミたちが今まさにビッ

生後6カ月のディンゴ。2011年10月撮影。

グホーンを狩ろうとしている。そのエリアでヒツジがさまよっているのを見たことはあったが、ナヌークとデリンダの狩りを実際に見たことはなかった。

丘の頂上にスピリットが姿を現した。雌のビッグホーンを目で追っている。ビッグホーンは何も知らずに草を食んでいた。風向きが完璧だったのだろう。フェイスは、スピリットが獲物に攻撃を仕掛けるタイミングを悟ったようだった。その瞬間、スピリットが丘を駆け下りた。ビッグホーンはパニックに陥り、錯乱状態で右へ左へ逃げ惑いながら丘を下っていく。スピリットはその尾をとらえようとしていた。山肌を駆け下りる2頭が数百メートル先に迫ってきたところで、フェイスとブリザードがおもむろに起き上がり、身構えた。茂みの中から飛び出して、ビッグホーンの行く手を阻む。ビッグホーンはとっさに反応することができない。そこへ猛然とやって来たスピリットがビッグホーンの首に組み付くと、フェイスとブリザードもすかさず加勢した。ビッグホーンは地面に組み伏せられるまでもなく、絶命したようだった。

図表3.2　子オオカミを含むパイプストーン一家の
　　　　　リーダーシップ行動:7月下旬から9月上旬
　　　　　（観察回数＝39回）

ブリザード 10 (26%)
スピリット 12 (31%)
フェイス 17 (44%)

ボウ・ヴァレー・パークウェイで子オオカミたちを連れて歩くブリザード。

子オオカミの反応はタイプAとタイプBでまったく違っていた。生後3カ月半のユマは子供たちの中でただ1頭、臆することなく死骸へ駆け寄り、ごちそうに顔を突っ込んだ。どうやらユマは、目で追い、走り、捕らえ、噛みつくという捕食性運動パターンに突き動かされたようだ。一方、ユマの姉妹である控えめなキミとジェニーは、ビッグホーンの死骸に近づくまで1分以上かかった。2頭は目の前の出来事にどう対処してよいのかわからないようだった。その月齢では無理もない。雄のディンゴは身じろぎもせず、ただ座って待っていた。

3頭の迎撃狩猟を目撃した私たちはただ呆然としていた。ようやく口から出たことばはこうだ——「ワオ、すごい連携だ」。用意周到なスピリットとともに、フェイスとブリザードが成功させた迎撃ショーは、オオカミたちの積極的な協力の賜物だった。

美女たちと野獣

2011年秋の終わり、ブリザードは2歳半を過ぎても一家に留まっていた。10月26日午前7時13分、私たちは思わずことばを失くす光景を目にした。公園警備員（ここでは配慮して名前を伏せておこう）が運転する公用車のトラックが、移動中のオオカミたちの列に突っ込んだのだ。子供たちを連れてボウ・ヴァレー・パークウェイを移動中だったブリザードはすっかり混乱してしまった。そしてこの警備員の行動が、周囲のドライバーたちに大きな誤解を与えた。オオカミの周囲でそのような行為をはたらいても許されると

思わせてしまったのだ。

11月3日、ボウ・ヴァレー・パークウェイでパイプストーン一家の横断地点をチェックしたあと、私たちは森の橋を渡る巨大な雄のヘラジカに遭遇した。ヘラジカを撮影していると、ティンバーが近くにオオカミがいると教えてくれた。ブリザードが遠くからこちらへ向かってくる。しかし、強靭なヘラジカはブリザードの手に負えそうもない。

しかしもう1頭、ヘラジカを見つめるオオカミがいた。フェイスだ。ブリザードとは逆の方角からヘラジカに接近してくる。2頭のオオカミに挟まれたヘラジカは、突如向きを変え、フェイス目がけて猛然と駆けだした。しかし、母親がヘラジカに追われて丘を上り、森の中へ逃げ込んでも、ブリザードは援護するところかその場に座り込んでいる。密集する木々に行く手を阻まれたヘラジカは、フェイスを追うのをあきらめた。そして次の瞬間、標的をブリザードに切り替えたが、ブリザードにも瞬く間に水をあけられた。

ヘラジカは一瞬、オオカミたちを支配した。フェイスとブリザードよりも優位に立ち、見事に追い払ってみせたのだ。美しい2頭のオオカミは、力みなぎる巨大な野獣を脅えさせることも、慌てさせることもできなかった。ヘラジカに動揺した様子はなかった。自信あふれるヘラジカには、餌食になるという選択肢などなかったのだ。フェイスとブリザードは身を寄せ合って退散した。2頭はその後、雄のアメリカアカシカ4頭に狙いを定めるも、車の往来に狩りを邪魔された。オオカミたちはなす術なく、狩りをあきらめて道路を渡った。最後尾にいた臆病なキミがロケットのように道路を渡り、

ブリザード。2011年10月撮影。

1分後にはオオカミの姿はすっかり消えてしまった。こうして一家はまた、空腹を抱えて1日を過ごすことになった。

観光業の拡大と食糧難が招いた
社会的行動の変化

オオカミは社会的な生活を好む動物だ。しかし、観光業の拡大と獲物の減少が、オオカミ家族の生活から安定を奪い、社会的行動にも深刻な影響を及ぼす。2011年12月、フェイスが私たちの目の前でブリザードを一家から追い出した。フェイスの行動は私たちの目に奇異に映った。ブリザードは母親のフェイスと良好な関係を築いていた。ブリザードはいつも母親に敬意を払い、従属の姿勢を保ち、攻撃的な行動は一切見せなかった。それに、ブリザードは妹のキミとジェニーとも強い絆で結ばれていた。幼い2頭は姉を慕い、彼女の肩の上に乗ったり、狩りをまねたりしていた。

弟のディンゴもブリザードを尊敬しているようだった。ブリザードは、狩りで不在の両親に代わって妹や弟の世話を引き受け、一家のなわばりを教えたりもした。線路脇に転がる有蹄動物の死骸を食べさせてやったのも、ブリザードだった。

それなのに、フェイスは2週間のうちに3度もブリザードを追い立てた。家族に必要とされていないと悟ったブリザードは、家族の前から永遠に姿を消した。2011年のクリスマスの頃、彼女はバンフ国立公園の東口を通過し、キャンモアの町に入った。カルガリー目指してひたすら東へ進み、そして2011年12月29日、アルバータ州ラック・デ・アークズに近いトランス・カナダ・ハイウェイで車にはねられ、その生涯を閉じた。

あまりにも悲しい知らせに、私たちは打ちのめされた。私たちはブリザードが大好きだった。彼女は私たちにオオカミの社会的能力を示し、オオカミが社交的で心優しい動物だと教えてくれた。

下手な嘘はつかないでおこう。私たちはパークス・カナダに心底ムカついた。国立公園という保護区域で安全が保障されないのなら、オオカミたちは一体どこで暮らせばよいのだろう。渓谷に渦巻くカオスを前に、そんな単純な問いを繰り返すことにも辟易していた。

ブリザードの死は新たな疑問を生んだ。「ボウ渓谷の異常事態がブリザードの旅立ちと死の原因なのだろうか。オオカミの母親が繁殖のライバルとなり得る成熟した娘を追い出そうとするのは、生物学的に当然のことなのだろうか……」。たしかにその可能性はある。しかし私たちは、ブリザードの悲しい末路が、国立公園が何十年も抱え続ける大きな問題の一部だと考えずにはいられなかった。

親オオカミは、成長した子オオカミに寛容であったり、そうでなかったりする。また、オオカミの社交性は外的要因に左右される。私たちはボウ渓谷で、巨大な観光業と有蹄動物の間引きプログラムがもたらした長期的影響をつぶさに見てきた。食糧不足が同種内および異種間の攻撃行動を助長していることは明らかだった。事実、私たちは2002年の時点で、ドイツのオオカミ研究支援者向けにそうした行動観察報告を発表し、さらにはアメリカアカシカ激減により増加した「パック内攻撃」を考察した著書も執筆していた。

バンフでは、食糧不足によりなわばりを拡大したオオカミ家族を

フェイスとブリザードが仲睦まじかった頃。レイク・ルイーズ付近にて2011年11月撮影。

ブリザードが家族と過ごした最後の日々をジョンが撮影した中の1枚。カメラをまっすぐ見つめるグレーのオオカミがブリザード。2011年11月29日撮影。

直接観察することができた。それと同時に、家族内で争いが頻発するようになったことも気になっていた。

1999年から2002年、野生動物管理局が移送・間引きプログラムを決行し、何百頭ものアメリカアカシカが公園から姿を消すと、食糧難に直面したフェアホルム一家がはじめてボウ一家のなわばりに侵入した。その後、2008年から2009年にボウ・ヴァレー・パークウェイ周辺のアメリカアカシカ生息数が壊滅的になると、今度はパイプストーン一家が、ナヌークとデリンダが子供たちと暮らしていたエリアを受け継いだのだ。

「ボウ渓谷の獲物不足が種の攻撃性を高める」という私たちの考えを「まったくの妄想だ」と切り捨てる野生動物管理者も多い。しかし私たちがその結論に至るまでには歴史があった。私たちがフェアホルム一家を観察していた2000年代の始め、2頭の子供が激しい「パック内攻撃」の餌食となった。幼くして家族から追い出された「ドリーマー」と「サンディ」の2頭は、人間が出没するエリアに出入りするようになった。そしてたまたま迷い込んだ公園内のキャンプ場で、公園管理者に射殺されたのだ。

彼らのような社交的なオオカミが、幼いうちに家族から放逐されることはめずらしい。社交的タイプは、繁殖のライバルになり得る個体や頑固なタイプに比べると、家族内に長く留まることが多い。ブリザードも社交的なタイプだったが、自ら決断する前に追い出されてしまった。こうした複数の事例からたどり着いた結論はただ1つ──ドリーマーとサンディ、そしてブリザードも、家族のもとを離れなければならなかった理由は、食糧の枯渇にあったのだ。

食糧難に加えて、観光業の巨大化がオオカミたちを危機的状況に追い込んでいた。公園を訪れる人々が、オオカミたちを追い回していたのだ。狩猟活動を邪魔されるだけでなく、フェイスとスピリットが子供たちとはぐれてしまう場面も見受けられた。パイプストーン一家に対する人間の態度はさまざまだった。なかには、オオカミたちに敬意を持って接するカメラマンや観光客もいたが、ほとんどはオオカミのすぐ後ろを何キロメートルも執拗に追いかけた。線路沿いを移動するオオカミに近づいては、深い雪の中へ追いやって体力を消耗させたり、家族を散り散りにさせてしまったりするカメラマンもいた。パークス・カナダにどれだけ訴えても、「現場をおさえない限りなす術なし」と退けられた。私たちは携帯電話を所持していなかったし、たとえ持っていたとしても、ボウ・ヴァレー・パークウェイのほとんどの区域は圏外だった。彼らは言い逃れの達人だった。

フェイスやスピリットのような経験が豊富な親オオカミでも、食糧不足による子オオカミの栄養失調を回避するのは困難だった。観光業の拡大と、ボウ・ヴァレー・パークウェイでの傍若無人な人間のふるまいを目の当たりにし、パイプストーン一家の子オオカミたちの行く末を憂えずにはいられなかった。

一家の中には外的影響の対処に秀でた個体もいた。内気な個体でも順応することはできる。2011年12月20日、フェイスがボウ・ヴァレー・パークウェイを横断しようとしているところに、1台の車が通りかかった。母親のおしりにはユマがぴったりとくっついていた。大胆なタイプAによく見られる行動だ。そしてユマを盾にす

ムース・メドウ付近でボウ・ヴァレー・パークウェイを横断しようとするフェイスと子オオカミ。
観光客に邪魔させないよう、ギュンターの車が道路を遮断している。

るように、タイプBのジェニーが続いていた。車は停車したが、その時点ですでに道路に出ていたディンゴが一瞬、戸惑った素振りを見せた。

しかしディンゴは、行動を起こす前に車の動きを観察すべきだとわかっていた。タイプBの性格に分類される内気なディンゴだったが、落ち着いた様子で車を観察している。そして、危険がないと判断すると、道路沿いを少し進んでから一気に横断し、さらには駐車車両1台1台のにおいを嗅ぎはじめた。1カ月前は、車が1台でもあれば道路に近づこうともしなかったのに。すっかり車に順応した頼もしいディンゴのおかげで、同じくタイプBのキミもずいぶん安心して過ごせるようになったようだった。

「臆病なタイプ」「大胆なタイプ」という分類のほかに、もうひとつ興味をそそられる観察項目があった。子オオカミたちは、親オオカミなどおとなのオオカミの戦略的・慣習的行動を模倣しながら、それぞれの性格を発達させるのか。あるいは、生得的な気質によって性格は決定するのか——つまり、社会的序列や外向的・内向的タイプの分化に、何か特定の要素がはたらいているのか否かという問題だ。

3ランクの序列モデル

古くはオオカミの序列を上からアルファ、ベータ、ガンマ、オメガと定義していた。しかし、私たちはその考え方を切り捨て、3タイプから成る上位（頑固なタイプ）、中立（社交的なタイプ）、下

ディンゴは内向的タイプBだったが、車の往来には素早く順応した。

位（メンタルが弱いタイプ）の3ランクの社会としてとらえることにした。3つのタイプは、外向的タイプA・内向的タイプBの性格タイプとは違い、臆病な行動や大胆な行動の傾向によって分類されるものではない。

観察を数年続けると、子オオカミたちにもきわめて早い段階で社会的な差があらわれることがわかった。その社会的序列は生後およそ11週までに出来上がる（これはコヨーテやキツネにも共通する傾向だ）。子供社会では、行動パターンやさまざまなスキル、運動能力の発達の度合いにより、それぞれの地位が決まるようだ。また、それぞれの社会的地位は、慰安行動、遊戯行動、探索行動などから判断できた。生後3カ月にもなると、個体のタイプを識別し、「上位」「下位」「中立」の3ランクに分けることができた。中立の子オオカミは、ほかのきょうだいの地位に配慮しつつ、新たな社会的行動のあり方を絶えず模索しているようだった。

子オオカミを観察した過去の経験から、子供の社会的遊戯は模倣から発展するものだとわかっていた。こうした社会化の初期段階は、ほとんどすべての子オオカミに見られた。子オオカミが遊びを開始するときは、イエイヌと同様、足踏みをして頭を下げ、前かがみの姿勢をとる。そして、きょうだい同士が武者震いのように体を揺らしながら、木の枝や骨などとの引っ張り合いを始めるのだ。

こうした「子オオカミの習慣」については、私たちが師と仰ぐ動物学者、エリック・ツィーメンの著書『オオカミとイヌ』（1977年／思索社／白石哲訳）ですでに詳しく解説されている。遊びの決闘や取っ組み合い、そして噛み合いの段階（行動学的に「真剣でな

い」対決行動で、ドイツの動物行動学者であるドリト・フェダーセン＝ペーターゼンが著書『Hundepsychologie (Dog Psychology)（犬の心理学）』で「親密な儀式的対立」と表現している）を観察すると、3つのランクが徐々に見えてきた。最も認識しやすかったのは最上位の個体だ。ひとり遊びが多く、遊び相手を探す意思もまったく感じられなかった。

そのような性格タイプの個体は、イヌの飼い主ならご存じであろう「ズーマー」という遊びにも参加しない。社交的な子イヌ（オオカミ）たちが、円を描いたり蛇行したりしながら数分間走り回る遊戯行動だ。この1つめのタイプ、「頑固」で「意志が強い」序列上位の子供は、慰安行動（毛づくろいや仲間との休息）、接触行動（自発的あいさつ）、遊戯行動（ひとり遊び、グループ遊び、物を使った遊び）を通して特定できた。非活動時はほかのメンバーから離れていることが多く、休息中や睡眠中もボディコンタクトを嫌う。社会的な遊びを自ら始めることはまれで、巣穴を出る時期もほかの子供たちの3倍も早かった。

私たちはその後、こうした性格のオオカミが生後16カ月から18カ月で親元を離れることを知った。1年子にしては独立心に富み、意志が強い。スコーキーもそのタイプだった。彼は一瞬のためらいもなく家族のもとを離れ、交尾相手を探して積極的に移動を続け、最終的にカナナスキス・カントリーで家族を形成した。スコーキーはわずか1歳10カ月にして、立派な父親になったのだ。

しかし、生きていくために必要な能力を持つのは、頑固な上位の個体ばかりではない。性格タイプにかかわらず、幼いオオカミたち

はみな、生き残るための社会的・情緒的能力を十分に備えているのだ。

　ワシントン州立大学のヤーク・パンクセップ教授によると、状況の違いにより作用する感情ツールは3種類あるという。1つめは楽しみと喜び、2つめは共感と配慮、3つめがパニックと心痛である。しかし、序列上位の子オオカミが早くに自立し、家族との関わりを絶つ様子を観察すれば、こんな疑問が頭に浮かぶ——社会的に感情を表に出さない頑固なタイプこそが、新たな家族の「リーダー」になる傾向が強いのだろうか。この点についてはいまだ調査中だ。

　また、先に述べた慰安行動、接触行動、遊戯行動の3つの行動から、子供たちの中にきわめて「社交的」なタイプが存在することがわかった。これが2つめのタイプだ。非活動時に兄弟姉妹に囲まれて休息をとったり眠ったりするのを特に好む。遊びが始まると、ブリザード、チェスター、ディンゴ、ジェニー、そしてユマなど、社交的なタイプのオオカミたちはいつも活動の中心にいた。彼らは単独行動を好まず、きょうだいたちと群れることを好んだ。私たちが「社会の中心的存在」と呼ぶ特質だ。社交的タイプの子供時代の観察から、社会的地位やランクなどを含め、解明すべき点がまだまだ残されていると痛感した。社交的な個体の多くは、固定的な地位は持たず、新たに生まれてきた幼いきょうだいたちの世話係として定着することが多かった。

　そして3つめは、「メンタルが弱い」タイプだ。きょうだいに接するときも控えめで、そのほかの個体を前にしても地を這うほどの低い姿勢をとる。このタイプに分類されるのは、レイヴン、メドウ、

リリアン、キミだった。仲間の輪の中に入っていく自信がなく、非活動時もきょうだいたちと身を寄せ合うことはほとんどない。これまで「オメガ」と位置付けられていたこのタイプも、きょうだいと遊びたくないわけではない。ただ、その輪の中に飛び込んでいく勇気がないか、きょうだいの誰からも相手にされないのだ。ドイツでは、そうした服従的タイプを「schmuddelkinder」と呼ぶ。「弱虫」という意味だと言えばわかっていただけるだろうか。

　長期にわたる観察で、メドウやリリアンのようなメンタルの弱いオオカミが、意志の強い個体よりもさらに早い段階で家族のもとを離れることを確認した。およそ生後10ヵ月から12ヵ月ほどで独り立ちするケースが多い。たとえばリリアンのように地位の低い個体は、なわばりの端っこで野ウサギを狩ったり、動物の死骸を見つけたりして、何とか生きていく術を模索していた。家族の残していった獲物を食べることもあった。そんな野生オオカミ社会では、特定の個体が長期的にオメガであり続けることはない。上位の個体が下位の個体を蔑み攻撃し続ける囚われのオオカミとは、そもそもの社会的構造が異なるのだ。

　一方、中立的立場にある社交的な個体は、長期的な攻撃の対象になることはない。むしろ、ブリザードのような陽気な性格のオオカミは、家族の注目を集める才能があるようにも見えた。つまり、相手の視点に立つという特別な能力に長けていたのだ。オオカミ研究家のエリ・ラディンガーは、アメリカ合衆国のイエローストーン国立公園で暮らす一家の中でも、特に遊び好きのオオカミたちが、生涯を通して両親とともに過ごすと語っている。オオカミを描いた書

子オオカミの社会にも上位と下位のオオカミが存在する。その中間に位置するのが社交的な中立のオオカミだ。

非常に社交的なタイプのジェニーは、典型的な「社会の中心的存在」だった。

物などで浸透しているあらゆるイメージを覆す事実と言えよう。

　あるいは、社交的タイプのオオカミは、思いやりが深く献身的な「ベビーシッター」役に落ち着く。ボウ渓谷で生まれたブリザードやユマなどがその好例だ。社交的な雌のオオカミである彼らは、「子育て支援者」という仕事にまじめに取り組み、できるだけ長く家族のもとに留まろうとしていた。しかし残念ながら、ブリザードは食糧難がきっかけで、フェイスにより家族の輪から外されてしまった。愛する家族のもとを離れたとき、ブリザードは2歳9カ月を迎えようとしていた。

　性格に基づきタイプAとタイプBに識別したオオカミを、行動反応によって別途3タイプに分類するというのは、少々難解に聞こえるかもしれない。頑固なタイプ、社交的なタイプ、それにメンタルの弱いタイプは、性格タイプAとタイプB、雄と雌、年少と年長などのカテゴリーとは無関係に分類される。しかし、十分な時間をかけて適切な観察を行えば、分類はそれほど困難ではない。

　オオカミたちのボウ渓谷周辺への分散行動については、直接観察で解明することができなかった。そのような調査にはテレメトリーやGPSを用いた集中的な調査が有効だ。スコーキーがカナナスキス・カントリーへ向かったこと、そしてブリザードがバンフ国立公園外で命を落としたことは、それらの技術を使った調査で知ることになった。

社会的地位・年齢・性格タイプ別の
リーダーシップ行動

　ブリザードが一家を離れる前に、私たちはパイプストーン一家の移動中のリーダーシップ行動を観察し、年齢と性格の傾向を調査していた。調査期間は2011年9月の始めから同年12月末で、頑固なタイプAのフェイスは5歳半、頑固なタイプBのスピリットが6歳半、社交的なタイプAのブリザードは2歳半で、タイプAのチェスターは1歳半だった。また、社交的なタイプAのユマ、社交的なタイプBのディンゴとジェニー、メンタルの弱いタイプBのキミは生後6カ月だった。

　タイプAのブリザードとチェスターでは、ブリザードのほうが一家の先頭に立つ回数がはるかに多かった。しかし、チェスターがまだ1歳半だったことと、9月末には家族のもとを去ったことを忘れ

巣穴のそばで道路を横断する子オオカミ。

2011年秋、家族で移動する際には、2歳半になった社交的タイプAのブリザードが先頭に立つことが多かった。右から順にスピリット、ジェニー、ディンゴ、ブリザード、ユマ、フェイス。臆病なキミは右手の藪の中を歩いており、その姿は見えない。

てはならない。

　私たちは最終的に、4頭の子供たちのリーダーシップ行動に焦点を当てて統計をまとめた。巣穴エリアやランデブーサイトから出て、はじめて移動を経験する生後4カ月半の秋に、彼らが先頭に立つことがあるのかどうか、また、先頭に立って家族を率いる子供に性格的特徴があるのかどうかを知りたかったのだ。

　図表3.3には、家族の先頭に立つことが1度もなかったキミの名前は含まれていない。ほかの3頭の子供たちは、性格の違いに関係なく、それぞれ家族の先頭に立つ機会があった。3頭のうち、最も多く先頭に立ったのはユマだった。

　図表3.4では、パイプストーン一家の先頭に立った個体を性格タイプ別に示している。

野生動物の管理と動物行動に関する知識

　「野生動物の管理は動物行動学の知識に基づき実施されるべきか」と尋ねられれば、カリンと私は迷わず首を縦に振る。性格タイプに関連付けてオオカミのリーダーシップの調査結果を詳細にまとめた目的の1つは、彼らの順応行動戦略をより良く理解するための有用なツールを提供することだった。オオカミ（そしてクマ）の「管

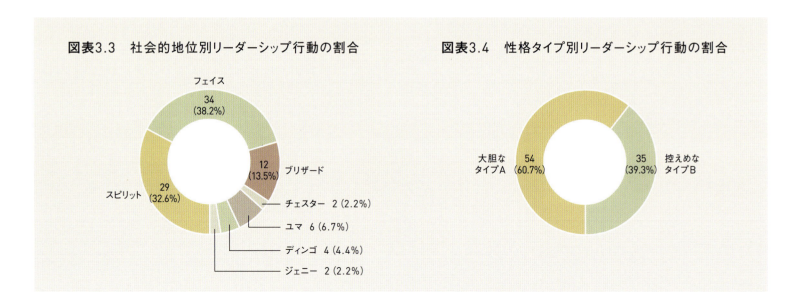

パークス・カナダに無線付き首輪を付けられてから半年後に、ヒルズデール・メドウに姿を現したブリザード。

第3章 パイプストーン一家の最盛期 ── 135

理」では、臆病なタイプと大胆なタイプの考察がものを言う。適切な知識を持たず、独断で嫌悪療法や条件付けを行ってしまえば、その本来の目的を果たすことはできない。先の章でも述べたことだが、ここでもう少し詳細な説明を添えておこう。

　野生動物管理者は、動物の基本的な性格タイプの調査を怠りがちだ。しかし、性格の調査こそが最重要とも言うべき項目なのだ。たとえばオオカミも、すべての個体が同じ行動をするわけではない。タイプAは、未知の刺激や状況に直面すると、その場でパニックに陥る傾向がある。一方のタイプBは、身を隠そうとする傾向が強い。バンフでは現在に至るまで、性格調査に基づいて適切に構築された嫌悪療法や条件付けが実施された例がない。パークス・カナダも、パイプストーン一家を爆竹で脅かしたり、ヘリコプターで追い回したりしたとき、性格の違う個々のオオカミがどのように反応するか、皆目見当もつかなかったはずだ。実際、彼らがブリザードにGPS付き首輪をつけようと線路沿いをヘリコプターで追いかけたとき、彼女はあやうく電車にはねられそうになった。タイプBのオオカミなら素早く身を隠すが、タイプAのブリザードはパニックを起こして逃げ惑ったのだ。

　無線付き首輪を用いるときは、倫理基準をしっかりと守るべきだ。野生動物保護の根底には、動物に対する敬意がなければならない。ブリザードの件でパークス・カナダに抗議したときも、彼らは「過剰反応」だと感じたようだ。しかし私たちは、観察結果からブリザードをタイプAと分類し、扱い方によっては危険を招くと予想していた。

パークス・カナダが「行動矯正」（オオカミの行動を変えるための嫌悪療法）を実施しようとしたときも、私たちは肝を冷やした。爆竹の音に驚いたキミが道路に飛び出し、高速で走行中の車にはねられそうになったのだ。

動物たちの挙動を機能的に定義せずして、嫌悪療法などの管理活動が成功を見ることはない。野生動物管理者たちはなぜ、嫌悪療法や無線付き首輪を導入する前に、動物の行動心理を学ばないのだろう。私たちが行動学を無視した管理方針を繰り返し非難するのは、名指しで彼らを責めたいからではない。動物の管理には動物の性格タイプを考慮することが必須であると、現実的な提案をしているだけだ。動物行動の専門家によると、行動矯正が成功するのは、若いオオカミの個々の性格を考察した上で実施した場合に限られるという。しかし、バンフではそのような配慮は一切なかった。私たちは、個体ごとの性質を調査せずに嫌悪療法を管理ツールとして導入すべきでないと考えている。バンフの現行のやり方はあまりにも危険すぎるし、税金の無駄遣いでもある。

巣穴エリアでの記録：2012年春の終わり

大胆な外向的タイプAのオオカミたちは、何のためらいもなく駐車車両のすぐそばを歩く。一方、臆病で内向的なタイプBのオオカミは、車両に近づかず迂回する道を選ぶ。前述のとおり、臆病で控えめな内向的タイプBは、さまざまな環境の刺激や影響に順応するが、未知の状況に直面したときは基本的性質がそのまま出現す

る。2012年春、私たちはオオカミを2つの性格タイプに分類した。2012年4月中旬、2011年にも使用した同じ巣穴（ボウ渓谷一家が代々用いていた巣穴）で、少なくとも6頭の子供が誕生した。出産を控えたフェイスがいつものように巣穴に接近すると、4月14日以降はスピリットやほかの家族たちと移動する姿がまったく見られなくなった。

6月5日午後7時7分、春に誕生したばかりの子オオカミたちが、はじめて道路に現れた。その日は2頭の黒と1頭のグレーの3頭しか確認することができなかったが、2日後の6月7日午前6時には、ジェニーとディンゴが5頭の子オオカミをしたがえて道路にやって来た。パークス・カナダはまたもや巣穴付近に立て看板を設置していた。しかも、ジョンが撮影したリリアンの写真を無断で使用していた。

幼い子供たちは、いつも親オオカミがそばにいて、いざとなれば自分たちを守ってくれると学習する。6月16日、1頭のおとなのキツネが、子オオカミたち3頭の前に現れた。子供たちはいつもの快活さをすっかり失ってしまった。しかし、その15分後にスピリットがやって来ると、子オオカミはふたたび元気に遊びはじめた。父親が近くにいて守ってくれるとわかり、安心したのだろう。6月中はほとんど毎日のように、親オオカミはどこかへ有蹄動物を狩りに出かけ、フェイスが巣穴に戻ることもまれだった。それでも幼い子オオカミたちは順調に成長し、巣穴エリアから外に出られるまでになった。6月20日午前7時1分、6頭の子オオカミがそろって姿を現した。子供のうち3頭は黒の雄、2頭は黒の雌で、1頭はグレーの雄

だった。

　それからというもの、子オオカミのうちの2頭が頻繁に道路で走り回るようになり、そのおかげで私たちは子オオカミの基本的性格タイプを特定することができた。1歳と2カ月を迎えたユマが、子供たちを世話するために巣穴付近に残っていた。「ベビーシッター」として献身的に尽くすユマの姿から、子オオカミたちには社会的・情緒的な健全性、長期的関係を構築するための交流、安心感、家族としての団結が必要なのだと再確認した。2012年6月の最初の2週間、タイプAの子供たちは仲良く道路を走り回り、遊び、くつろぎながら日々を過ごしていた。パークス・カナダが立てた看板の支柱をかじることもあった。子オオカミたちが活発に遊ぶ姿が見られて安心した。ドイツのイヌ科動物専門家のメヒティルト・カウファーによると、社会的に孤立して育った動物は、幼い頃に十分な遊びを経験できず、その結果、ドーパミン、ノルアドレナリン、セロトニンのレベルが低下する」(注6)のだ。

　6月25日の夜が明ける頃、巣穴近くの道路の端に佇んでいたフェイスが遠吠えを始めた。3分後、子オオカミ6頭が道路に出てきて、母親の鼻先をなめてあいさつをした。フェイスがくるりと向きをかえると、子オオカミたちもそれにならい、そろって森の中へ消えて行った。

キツネにつままれる

　6月に入ると、1頭のアカギツネが毎朝、パイプストーン一家の巣穴エリアへやって来た。私たちが「フォクシー」と名づけたその雌のアカギツネは、おとなのオオカミの不在を嗅覚で確認すると、子オオカミたちの目の前で肉片の付いた骨や皮などをくすねていく。子供たちはまだ、計算高いおとなのキツネにどう応戦すべきか見当もつかないようだった。キツネは意気揚々と戦利品を口にくわえて去っていく。フォクシーは2週間にもわたり、おとなのオオカミ不在の巣穴エリアに堂々と出入りした。なんとも鮮やかな手口だった。

　しかし結局、フォクシーのほかにおとなのキツネは1頭も見かけなかった。もしかすると、雄のキツネが何らかの事情で狩りができない状態にあったのかもしれない。私たちはその後、フォクシーがそのエリアに巣を作り、少なくとも2頭の子を産んだことを確認した。7月の始めの気持ちの良い朝、オオカミの巣穴付近のポプラの林で、2頭の子ギツネが追いかけっこをして遊んでいた。

(注6) メヒティルト・カウファー、「イヌ科動物の遊戯行動：イヌの遊びの科学」(ワシントン州ワナッチー：Dogwise Publishing, 2014年) 207.

黒の子オオカミのうちの1頭。2012年6月下旬撮影。

ボウ・ヴァレー・パークウェイにやって来た黒い子オオカミ2頭とグレーの子オオカミ1頭。2012年6月上旬撮影。

動物にまつわるめずらしいエピソードと言えば、こんな出来事もあった。2012年7月7日、草原の真ん中でフォクシーがネズミを追ってジャンプを繰り返す場面に遭遇した。フォクシーが飛び跳ねているところへ、2羽のワタリガラスがやって来た。ワタリガラスはオオカミの巣穴からほんの200メートル先に巣を作っていて、私たちとも「顔見知り」だった（ワタリガラスもオオカミと同じく一雄一雌のつがいを形成し、オオカミのランデブーサイト近辺にいることが多い。毎年春から夏にかけてオオカミが見える場所で子育てをする）。もちろんワタリガラスはフォクシーを目で追っていた。あわよくば、フォクシーが手に入れた獲物のおこぼれに与ろうという魂胆だ。

　ワタリガラスの熱い視線を浴びながら、フォクシーはネズミを捕まえて食べはじめた。次の瞬間、私たちは自分の目を疑った。どこからともなく1つの影が現れたのだ。ユマだった。彼女はじっとフォクシーを見つめている。「まずいぞ、フォクシー」。私たちは息を呑んだ。すると、しばらくフォクシーを目で追っていたユマが突如、彼女と一緒にネズミ狩りを始めたのだ。威嚇もなし、攻撃もなし、何にもなしだ。当時、オオカミたちは深刻な食糧難に苦しんでおり、6頭の子供たちを抱えた一家はひどく困窮していたはずだ。私たちはユマの平和的な行動に、驚きを隠せなかった。

　ユマはフォクシーには目もくれず、10分ほどネズミ狩りに没頭した。フォクシーはゆっくりと草原を後にし、林の中へ足早に駆けていった。彼女はユマの登場を大して気にも留めていなかったようで、パニックに陥ることもなかった。ワタリガラスは相変わらず、臆することなく辺りを跳ね回っている。野生動物が互いを許容し共存する、すばらしい光景だった。

　まるで停戦協定を結んだかのようなひととき。私たちには彼らの心情はうかがい知れない。動物たちはときに、私たちをすっかり黙らせるほど意外な行動に出ることもあるのだ。

子オオカミとワタリガラスの関係

　2012年7月9日の夜明け前、ユマとフェイス、そして6頭の子オオカミたちが、巣穴近くの道路で遠吠えを始めた。先頭を切っているのはユマだった。その日の午前中、スピリット、フェイス、ユマの3頭が、オオカミの巨大な立て看板の前を通過し、ランデブーサイトへと移動を始めた。数分後、6頭の子供たちがみな看板の下に姿を現し、3頭を追って草原へと駆け出した。10キロメートルほど先のソーバックを目指しているようだから、しばらくは戻らないはずだ。7月13日の早朝、一家はランデブーサイトに戻って来た。パークウェイに並ぶ6台ほどの車の間を縫うように歩き、なんとかなわばりの中心地にたどり着いた。翌日には子オオカミたちが、ランデブーサイトの奥に広がる草原で追いかけっこをしていた。立派なポプラの太い枝に、2羽のワタリガラスが止まっている。私たちは、左の翼の羽にすきまが目立つワタリガラスを「ギャップ」［訳注：「すきま」の意］、すきまがないほうを「N-ギャップ」［訳注：「すきまがない」の意］と呼んでいた。2週間の観察で、子オオカミとワタリガラスが友好を深めているのがわかった。見ていて楽しい光景だった。

そんな両者の交流について、ワタリガラスによる「接近する」「尾を引っ張る」「毛皮をついばむ」「追いかけっこをする」の行動別に、相互作用行動のエソグラム（野生動物の一連の行動をリスト化した目録）を作成した。
　表3.1は、2012年6月29日から同年7月14日に、子オオカミ、ユマ、ワタリガラスに見られた相互的遊戯行動をまとめたものだ。行動はすべてワタリガラス主導のものである。

危険な生活とさらなる不幸

　2012年はパイプストーン一家にとって苦難の連続だった。フェイスとスピリットはわずかな望みにかけ、子供たちの食糧を探しに出かけなければならなかった。しかし、両親不在の間に子供たちが悲劇に襲われる危険性もある。2012年7月19日午前4時41分、フェイスは6頭の子オオカミを連れて、巣穴とランデブーサイトを旅立った。
　パークス・カナダが一家のなわばりの中心地を「立ち入り禁止区域」に指定していたが、そのルールを額面とおり守る者などいなかった。カメラマンと観光客の群れが毎日のように押し寄せては、巣穴やランデブーサイト周辺で騒ぎ立てる。オオカミに選択の余地はなかった。その地を捨て、平和と静けさを求めて移住するほかなかったのだ。午前5時59分、フェイスと子オオカミは、ミュールシューと呼ばれるピクニックエリア付近のボウ川にいた。パークウェイではカメラマンの妨害に遭わずに済んだようだ。巣穴がすで

2012年に誕生した子供たちを連れてボウ・ヴァレー・パークウェイを行くフェイス。2012年7月撮影。

にもぬけの殻だと知らないカメラマンたちは、パークス・カナダの看板が立つエリアの前を車で行ったり来たりしながら、待ちぼうけを食っていたのだ。

　その翌日までに、フェイスは子供たちを連れてボウ川を渡り、トランス・カナダ・ハイウェイに近いひっそりとしたエリアに到着した。道路で息絶えた動物が観光客の目に触れぬよう、パークス・カナダが死骸を捨てにくる場所だ。長旅には1歳を過ぎたオオカミもみな同行し、幼いきょうだいたちの面倒を見そうなものだが、そのときはユマの姿しか見られず、私たちは不思議に思っていた。その後まもなく、私たちは悲しい現実を知った。ユマのほかの3頭はみな、トランス・カナダ・ハイウェイで命を落としたのだ。ディンゴはキャッスル・マウンテン付近でSUVにはねられ、ジェニーはレイク・ルイーズで、キミはサンシャインの出口で車に轢き殺された。

　パークス・カナダはこれまで、「トランス・カナダ・ハイウェイに設置したフェンスが、野生動物の死亡率を90％も低下させた」と喧伝してきた。しかし、オオカミに関して言えば、それは虚偽の数字でしかない。私たちはもう何年も、サンシャインのインターチェンジ付近とレッドアース・クリークの手抜きフェンスについて苦情を申し立ててきたが、その度に門前払いに遭っていた。交通事故で死んだ3頭のオオカミは、まだ生後14カ月の若者だった。

ギャップとN-ギャップの子。2012年6月撮影。

表3.1　共生するワタリガラス（ギャップとN-ギャップ）とオオカミの交流：2012年夏

交流	接近する	尾を引っ張る	毛皮をついばむ	追いかけっこをする
ギャップ＞＊子オオカミ	7	3	6	2
N-ギャップ＞子オオカミ	10	5	5	1
ギャップ＞ユマ	3	1	1	0
N-ギャップ＞ユマ	5	0	1	0
合計	25	9	13	3

＊＞＝前者から後者への行為

パイプストーン一家：2012年

　7月第3週の終わり、黒い雌の子オオカミが行方知れずとなった。多くの家族を失ったパイプストーン一家は、フェイス、スピリット、ユマの3頭と、生後3カ月を迎えた5頭の子供たちだけになっていた。それでも私たちは、生き残った子供たちの挙動から、彼らの性格タイプを分類した。基本的性格についての情報はすでに得ていたが、臆病・大胆モデルの仮説を再度検証することにしたのだ。

　性格テストの結果、生き残った雌の子オオカミは典型的なタイプAと判明した。私たちは彼女を「いつも陽気」という意味を込めて「サンシャイン」と名づけた。4頭の雄のうち2頭は「トリックスター」と、「ゴールデンボーイ」略して「G.B.」だ。トリックスターは脚がすらりと長くて背が高く、黒にグレーが交じった毛をまとっていた。彼は頑固で比較的臆病なタイプBで、目立たない場所でひっそりと過ごすのを好んだ。G.B.のトレードマークは、金色と茶色が交じった土色の毛皮だ。見目麗しいG.B.はきわめて社交的なタイプAで、よく仲間に追いかけっこをふっかけていた。残りの雄2頭も外向的タイプAで、遊ぶのが大好きだった。大きな足が特徴の「ビッグフット」は頑固で力強いオオカミだった。もう1頭はやや控えめで、行動の傾向はタイプAに分類されるが、本当の性質はつかみどころがなく、私たちは彼を「ノーネーム」と呼ぶことにした。

　2012年7月26日、フェイス、ユマ、4頭の子供たちが、サンシャイン渓谷の道路にいるのを確認した。1週間前にフェイスが子供たちを連れてボウ川を渡って以降、ノーネームの姿を見かけなくなっていた。川の流れに呑み込まれたか、あるいは別の理由で死んでしまったのだろう。それからというもの、オオカミたちはサンシャイン渓谷の上流で過ごすことが多くなった。2011年の8月下旬から9月上旬にかけて一家が過ごした場所だ。

　翌27日の美しく晴れわたった早朝、フェイスとユマと子供たちは、サンシャインのゴンドラ乗り場の横を通り、観光客や地元カメラマンに気づかれることなくヒーリー・パスを目指した。同じ日、スピリットもあとから同じ方角へ足早に向かった。ヒーリー・パスにたどり着いた一家は、その後数週間にわたり雲隠れしたあと、8月11日にサンシャイン・ロードへ帰って来た。翌日からの4日間は一家の姿をほぼ終日見ることができた。2012年8月末まで、子供たちはユマの保護下で元気に成長した。ユマはおとなのオオカミの

サンシャインは社交的なタイプAだった。胸にかすかに入った白いストライプが特徴だ。

2012年7月、山焼きが行われたソーパック付近に子供たちを連れてやって来たユマ。7月19日にはパイプストーン一家がなわばりの中心地を離れた。

中でも子供たちと過ごす時間が最も長かった。

2012年9月の1週目、私たちはサンシャイン・ロード付近にシロイワヤギの群れを見つけた。道路の外れに塩なめ場がある。なるほど、有蹄動物が集まるわけだ。そこにはシロイワヤギ13頭のほか、数種の動物たちが集まっていた。9月10日の早朝、スピリットを含む一家がそろって塩なめ場へ向かった。しかしそこに有蹄動物の影はなかった。オオカミたちが塩なめ場に近づくのを見た私たちは、オオカミがシロイワヤギを狩る場面を間近で見られると期待していたのだが。

ユマ：幼子たちの守護者

2012年9月11日、私たちは貴重なシーンを目撃した。ユマと子供たちが新鮮なシカの死骸を食べているところへ、若い雄のヒグマが近づこうとしていたのだ。そのとき、G.B.とトリックスター、ビッグフット、サンシャインと一緒にいた成獣はユマだけだった。4頭の子供たちはまだ生後5カ月を迎えたばかりだった。その月齢のオオカミたちはまだ、クマから自分の身を守る術を知らない。

ヒグマが丘を駆け上がり、シカの死骸に突進する。するとその瞬間、ユマがヒグマに襲いかかった。奇襲を食らい、クマはひるんだ。ユマの並々ならぬ気迫に、クマは退いたほうが身のためだと本能的に判断したようだ。クマが反抗の声を上げ、両者一瞬にらみ合ったあと、クマはその場を立ち去った。丘の頂上には、勇敢な行動を見せたユマの堂々たる姿があった。彼女の立ち居ふるまいは、幼い

きょうだいたちを守ろうとする誇り高き守護者そのものだった。クマを単独で追い払ってしまうほどの強烈な自発力は特筆に値する。私たちはかつて、このときユマが示したような強い組織支配と年長者の危険負担を野生の世界で見たことがなかった。フェイスとスピリットが不在の状況で、ともすれば悲劇に発展していたかもしれない。そうした点でもきわめて大きな出来事だった。

クマが背を向けて丘を下って行ったあと、4頭の子供たちは突如として自信に満ちあふれ、まるで自分の無敵ぶりを誇っているかのようだった。相手が若いクマだったことが幸いしたのだが（経験豊富な年長のクマなら、オオカミの1匹くらい易々と片付けていたに違いない）、子供たちは堂々と胸を張っていた。G.B.とビッグフットにいたっては、渓谷までヒグマを追い立てるようなそぶりまで見せた。子オオカミのそんな行動を見るのははじめてだった。

私たちはその出来事を通して、きょうだいの絆と家族の関係性、そして決断力と勇気にあふれた行動特性を知り、おとなが子を守る能力についてより理解を深めたのだった。

もうひとつの別れと「日常」の危険負担

2012年9月28日、ミュールシュー付近のカナダ太平洋鉄道で、ビッグフットが事故死した。この悲惨な知らせは耐えがたいものだった。私たちはビッグフットが大好きだった。大きな足に堂々とした佇まい、そして荒々しいまでの力強さ。彼は私たちの大のお気に入りだった。ビッグフットの死が地方紙であまりにも小さく扱

サンシャイン・ロード近くの丘のシロイワヤギ。

われたことも悲しかった。彼の存在はちっぽけな記事で片付けるにふさわしくない。パイプストーン一家はその夏だけで5頭の家族を失った。まだ若かったディンゴ、ジェニー、キミの3頭と、幼いノーネームとビッグフットだ。生後まもなく死んでしまった子オオカミも1頭いた。それでも、パークス・カナダがホームページで一家の悲劇に触れることはなかった。

2012年9月30日早朝、森から出て来たオオカミたちは、ボウ・ヴァレー・パークウェイを歩きはじめた。スピリットが先頭に立ち、フェイス、トリックスター、ユマ、サンシャインがそれに続く。しかし、そこにG.B.の姿はなかった。一家が道路に出てから数分のうちに、5台の車がオオカミたちを取り囲んだ。人々が自動車やトラックから飛び降りて、写真を撮ろうとオオカミたちを追いかけはじめる。若い女性がポプラの木々の前に佇むユマに向かって猛然と駆け出した。私たちは彼女に車へ戻るよう丁重に声をかけた。すると彼女は、私たちに罵声を浴びせたのだ。「うるさいわね！ ここは自由の国よ！」

10月3日、G.B.が家族のもとへ帰って来た。午前7時57分、一家は雪が降ったあとの道路に出て、オジロジカを追いかけていた。幸い人間は周りにいなかったが、それでもオオカミたちは苦戦を強いられていた。ユマはオジロジカの代わりにネズミを追いかけはじめ、ジャンプして捕まえたネズミに早速食らいついた。私たちはその一部始終を撮影した。G.B.も姉にならってネズミを追いかけ、しばらくするとトリックスターも参戦した。オオカミトリオのネズミ狩りだ。しかし、至福の時間はたった20分間ほどで終わってしまった。オオカミたちがネズミ狩りに勤しむところに、大きなトラックが猛スピードでやって来て、オオカミに気づくや急ブレーキをかけたのだ。オオカミたちはすぐにその場を離れた。フェイスが危険を負担して先頭に立ち、道路を渡って線路を目指した。

10月13日、一家は丘を上り、ふたたびサンシャイン・ロードを目指した。子オオカミたちは元気いっぱいで、ユマは道路の上で「ネズミ狩りのジャンプ」を優雅に披露していた。しかし5分後、曲がりくねった道をバスが猛然と走ってきた。オオカミを追い立てるように走り去るその様子を見て、パイプストーン一家のオオカミたちがいとも簡単に命を落とす理由がわかった気がした。道路を監視する人間はおらず、スピードオーバーはここでは日常茶飯事なのだ。

生後3カ月のノーネーム。2012年の夏に命を落とした6頭のうちの1頭だった。

ジョンストン・キャニオン付近にやって来たチェスター。2011年晩夏撮影。チェスターは2012年10月、キャッスル・マウンテン近くのトランス・カナダ・ハイウェイで命を落とした。その年にボウ渓谷で亡くなった7頭目のオオカミだった。

無知という名の罪

　2012年10月22日、パイプストーン一家出身のチェスターが、キャッスル・マウンテン付近のトランス・カナダ・ハイウェイで命を落とした。どうして彼がもとのなわばりに戻っていたのかは謎だが、いずれにせよ彼の死により、その年のボウ渓谷におけるオオカミの死亡数は7頭となった。私たちがティンバーとともに調べたところ、パークス・カナダの保全係が開放して放置したままだったフェンスのゲートから、チェスターがハイウェイに侵入したらしい。ゲートが開けっ放しになっていたのは今にはじまったことではない。しかし、このような悲劇を招いたのは今回がはじめてだった。

　こうした一連の流れは何とも言えぬ後味の悪さを残した。バンフにおける野生動物保護問題の深刻化、そしてコントラクターを含む公園関係者のあまりにも放任な姿勢が浮き彫りとなった。

回避戦略

　2012年秋から2013年初冬にかけて、フェイスとスピリット、そして2012年に誕生した子供たちの生き残りが、なわばり内のパークウェイ沿いを移動する様子を観察した。すると、改めてさまざまなことが明らかになった。なかでも注目すべきは、フェイスとスピリットが抱えるストレスだった。道路の交通量がピークに達し、1日に何度も移動を妨害されることが、彼らにとって大きな負担となっていたのだ。

　車を降りたカメラマンたちがパイプストーン一家の行動を妨害する――そんな場面を目撃するたびに、私たちの胸は引き裂かれた。親オオカミが幼い子供たちになわばりを見せて回る時期は特に心が痛む。トリックスターのような臆病なタイプBは、人間を回避しようと動き回り、エネルギーを無駄に消耗する。しかし、トリックスターは「奇術師」を意味するその名のとおり、追尾する人間を見事に出し抜き、魔法のように姿を消してしまうのだった。

　皮肉に聞こえるかも知れないが、フェイスとスピリットが危機的状況で危険を負担する場面こそが、オオカミ家族の真のリーダーシップ行動を観察する絶好のチャンスだった。人々が車から飛び降りた3度に2度は、フェイスとスピリットがすかさず家族を森の中へ誘導し、周到に低木の茂みに身を隠し、人間が立ち去るのをじっと待つ。そして2、3分後、2頭のうちのどちらかが先頭に立ち、ボウ・ヴァレー・パークウェイへ戻るのだ。おもしろいことに、ユマが親オオカミたちのように道路から子供たちを避難させることは

1度もなかった。
　デイヴ・メックやダグラス・スミスらオオカミ研究家たちも、野生オオカミの一般的なリーダーシップ行動を記録している。しかし私たちが知る限り、道路を移動するオオカミ家族のリーダーシップ行動を直接観察し、情報を収集した者はいない。いわゆる「アルファ・ウルフ」の戦略的潜伏行動についても、これまで公に発表されたことはなかった。
　図3.5は、2012年9月から同年12月まで、ボウ・ヴァレー・パークウェイの内外で、フェイス、スピリット、ユマが潜伏戦略により子供たちを導いた回数をまとめたものだ。
　私たちはまた、個々の子オオカミが道路に出た回数を記録し、駐車車両のそばでくつろぐ様子を観察した。オオカミの「内向性」など生得的行動については、初期発達のどの段階で発現するかという議論がある。私たちの関心は、子オオカミの行動発達の初期段階に発生する開放性や好奇心が、道路に出たときの一連の行動と合致するか否かにあった。人工施設の近隣で生まれたオオカミの子供たち

キャッスル・マウンテン付近に現れたブリザード。2010年12月撮影。

は、インフラに関心を示して行動するのか。人間が往来するエリアに生息する野生のオオカミたちは、自然淘汰的に人間への恐怖心を失くしたのか、あるいは生活の中で恐怖心の一部を克服したのだろうか。

幼齢期の早期発達段階における順応行動の変化を観察すると、若いオオカミの行動のほとんどがそれぞれの基本的性格タイプに基づいていた。サンシャインとG.B.は頑固なタイプAで、気が強く大胆だった。毎朝毎夕、彼らは意気揚々と道路で飛び跳ねては、私たちのSUVの周りで追いかけっこをした。一方、彼らと同い年のトリックスターは頑固なタイプBで、道路や車や人間の気配が感じられるものには自発的に近づこうとしない。私たちの車を見つけても、10メートル以上離れて迂回し、道路の端にじっと立ったまま次の行動を思案しているようだった。

若いオオカミだけでなく、母親に連れられた幼獣もみな、年長の個体の後ろをついて回る。特に移動の際は、そんな家族の絆が顕著にあらわれていた。これまで文献などでほとんど注目されることはなかったが、あらためて性格タイプに基づく社会的・生態学的行動に向き合ってみたところ、次のような新たな発見があった。サンシャインやG.B.などの若いタイプAのオオカミは、フェイスやユマなど同じタイプAのおとなの行動をまねようとする。一方、トリックスターのようなタイプBの子供は、同じタイプBである父のスピリットにならおうとする。また、性格タイプに基づく行動習慣の分析により、タイプBに比べてタイプAのオオカミのほうが、草原などのひらけた空間で眠ることが多いこともわかった。早朝、フェイスとユマ、G.B.とサンシャインは、よく道路の側溝の中で眠っていた。一方、スピリットとトリックスターは、木々の根元や茂みの中に身を隠していることが多かった。

森を出たユマと3頭の子オオカミが駐車車両に遭遇したときの空間分布も興味深い。私たちは、大胆なオオカミと内気なオオカミでは、行動反応と車両との距離のとりかた（10メートル以上離れるか、それより近くに接近するか）にどのような違いがあるかを検証した。タイプAは大胆な外向的タイプ、タイプBは控えめな内向的タイプである。

図表3.6は、両タイプの子オオカミ（1年子を含む）が、駐車車

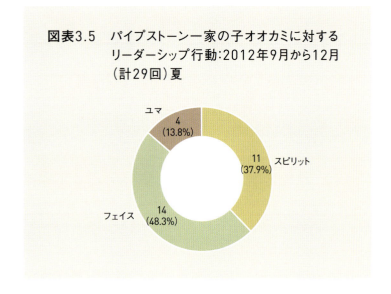

図表3.5　パイプストーン一家の子オオカミに対するリーダーシップ行動：2012年9月から12月（計29回）夏

両の半径10メートル以内に接近した回数と10メートル以上離れて迂回した回数をまとめたものだ。

サンシャインの物語

直接観察の現場で数々遭遇し、記録した場面の中から、特に注目に値するエピソードを紹介しよう。サンシャインにまつわるこの物語は、オオカミを愛する者はもちろん、オオカミの行動に懐疑的な人々にとっても興味深いはずだ。人間以外の哺乳類は組織的な協力、仲間の世話、思いやりと無縁だと主張する行動学者たちにとっては、にわかに信じ難い話かもしれない。

2012年11月上旬、生後6カ月のサンシャインがランデブーサイトの近くで列車にはねられ、致命傷を負った。サンシャインの傷は重く、歩くこともままならなかった。事故に遭った直後に傷ついた体で茂みを探し、ポプラと柳の木々の陰まで這っていくのはどんなにつらかっただろう。現場調査に赴いたパークス・カナダの資源保全員2名が、サンシャインを安楽死させる意向を示した。しかし私たちは、助かる見込みはゼロではないと必死で説得し、何とか最悪の事態を回避した。

もちろん、オオカミの情緒的行動について主張すれば賛否両論が

図表3.6　性格タイプによる駐車車両への反応

ストーム・マウンテン付近でハイウェイ93号南線を行くユマ。

列車事故に遭う4カ月前のサンシャイン。2012年7月撮影。

巻き起こり、非難が集中することはわかっている。保守派の間ではタブー視されてきた話題だ。「オオカミは互いを思いやる」と発言するだけで、ひんしゅくを買ってしまう。しかし、サンシャインの事故からの3カ月、パイプストーン一家は想像以上の能力と感情、そしてありのままの姿を私たちに披露してくれたのだ。

2012年11月から2013年1月、フェイスとスピリットは重傷を負った娘のために食糧を運び、社会的にサポートし、非活動時には彼女に寄り添い介護を続けた。自分で食糧を調達することができないサンシャインのために、家族は献身的に働いた。

しかし、一家のメンバーがみな、やるべきことをわかっていたわけではない。美しい成獣に成長していたG.B.は、めまぐるしい周囲の変化にうろたえているようだった。ボウ・ヴァレー・パークウェイに単独で出てきては、所在なげにうろつく姿がときおり見られた。その目には状況がよくのみこめない戸惑いの色をたたえていた。そんな中、ある資源保全員が真っ昼間にG.B.を見つけて写真を撮り、「道路に順化したオオカミがいる」と事務所に報告した。そんな小さな出来事があらぬ噂を呼び、パークス・カナダの嫌悪療法や条件付けに直結してしまう。まずはオオカミの行動の背景を調査すべきなのだが、彼らは実情を知るための長期的行動観察に時間を割こうとはしなかった。

おとなのオオカミたちはサンシャインのために献身的に動いた。11月23日の朝、満腹になった5頭のオオカミが、ボウ渓谷を目指して丘を下りていた。狩った獲物か見つけた動物の死骸を食べたのだろう。その数時間後、彼らはボウ渓谷にあるバックスワンプの湿地に集まっていた。ランデブーサイトからはかなりの距離がある。私たちの目は6頭のオオカミをとらえた。サンシャインがいるのだ。至近距離で観察することはできなかったが、健康なオオカミが彼女に食糧を与えていたようだ。私たちは、ユマが運んだ何かの塊をサンシャインが口にするのを確認した。おそらく肉の塊だ。とにかく、サンシャインがランデブーサイトから出られたことはたしかだった。

交配期に入った12月初旬、生物学的欲求に突き動かされたフェイスとスピリットは繁殖活動にも勤しまねばならなかったが、そ

れでも彼らは数カ月にわたってサンシャインの世話を焼き続けた。12月13日午前9時17分、一家がバックスワンプに集まり、ユマが子オオカミたちと茂みの中で追いかけっこを始めた。しばらくすると、一家は西へ移動を始めた。私たちはそこではたと気がついた。6頭いる。子オオカミの1頭は、身体の自由がきかないサンシャインだったのだ！

　しかし、12月17日にボウ・ヴァレー・パークウェイにやって来た子オオカミは5頭だった。サンシャインの姿がない。このときはまだ、彼女にはサポートが必要だった。フェイス、スピリット、そして姉のユマが、サンシャインのために食糧を調達するなど、できる限りの介助を続けていた。決して簡単なことではなかったはずだ。ボウ渓谷に残されたアメリカアカシカはほんのわずかで、しかもほとんどが手強い雄だった。それに、オジロジカやミュールジカの数も、度重なるカナダ太平洋鉄道の事故で減少していた。そんな難しい状況下でも、フェイスとスピリットは何度かに1度は狩りを成功させ、娘のためにせっせと食糧を運ぶのだった。

　サンシャインはどうやら短距離なら移動できるまでに回復したようだった。12月20日、ランデブーサイトの奥で一家が遠吠えの合唱をしていた。双眼鏡を向けた先には6頭のオオカミ。パイプストーン一家がようやく本来の姿を取り戻したのだ。サンシャインがふたたび家族とともに活動できるようになったと知り、私たちは安堵と幸福感で胸がいっぱいになった。

　パイプストーン一家の「象徴」であるフェイスとスピリットは、その後もサンシャインを慈しんだ。2012年12月24日午後、鉄道沿いでヘラジカの死骸を見つけた2頭が、ボウ・ヴァレー・パークウェイで巨大な肉の塊を運んでいた。サンシャインがランデブーサイトで両親の帰りを待っているのだ。交配期のただ中にあるはずの彼らの利他的なふるまいは美しかった。しかしその日、私たちは運悪くビデオカメラのバッテリーを充電し忘れて、その行動をほとんど撮影することができなかった。自分を罵りたくなったのは言うまでもない。

　姉のユマもサンシャインのために、できる限りの世話を尽くした。冬の最中にもネズミなどのげっ歯類を狩ってはサンシャインに届けてやる。食糧探しが困難をきわめる中、そんな小さな獲物さえも妹に差し出すその姿に胸が震えた。

　どうやらサンシャインは3カ月前の列車事故で、足を骨折しているようだった。少しずつ回復していくサンシャインのそばで、ユマはかいがいしく世話を焼いた。ときには妹に食べさせる獲物を探して、1日に30キロメートルも歩き続けることもあった。ユマは毎日さまざまな場所に足を運んだ。一家が狩った獲物の置き場所、死骸が横たわる鉄道沿い、ネズミが潜む草原の真ん中……。食糧調達のとき以外は、サンシャインに寄り添って過ごした。その姿はまるで、愛する者の病室を訪れる人間のようだった。2013年1月中旬、サンシャインは動き回れるまでに回復した。健康状態も良さそうだったが、引きずる脚がまだ痛々しかった。

　2013年2月中旬、ボウ渓谷はまっ白な雪と厳しい寒さに見舞われたが、それでもサンシャインは生き延びた。そして、3カ月にわたる家族の献身的な介護の末に完全復活を遂げ、ようやく一家の一

員として活動できるようになったのだ。

　それからわずか3週間後の2013年3月13日、私たちは、ユマ、スピリット、サンシャインの3頭が、一家のお気に入りのバックスワンプで古い骨らしきものを引っ張り合って遊ぶ光景を遠くからながめていた。午前7時5分、凍った湿地の真ん中に6頭が集合した。サンシャインも家族と戯れている。もう脚を引きずることもないようだった。

　家族が一堂に集まったあの朝の光景は、生涯忘れることはないだろう。2012年は一家にとってあまりにも悲しい年だった。それでも一家の結束が失われることはなかった。広大ななわばりの中で、わずかに残された有蹄動物を見つけるのは簡単なことではない。彼らは一体、1日どのくらいの距離を移動しているのだろう。一家を率いてボウ渓谷を行くフェイスとスピリットが、どれくらいの速度で移動しているかという興味もあった。

　GPSを使った調査により、オオカミたちは1日60キロメートルも移動することができ、その平均速度は時速8.6キロメートル、狩りの最中の平均速度は時速10.4キロメートルにも達することがわ

ユマは妹に食べさせる獲物を探して、1日に30キロメートルも歩き続けることもあった。

かった。パイプストーン一家は、ボウ渓谷で暮らしていたほかの一家と同じく、ボウ・ヴァレー・パークウェイの移動にもすっかり慣れ、除雪された道路や、手入れの行き届いたクロスカントリーコースなどを最大限に活用していた。とは言え、進路によっては、胸の高さまで積もった雪をかきわけて進まねばならない。深い雪の中を集団で進むとき、先頭に立つのはいつも若いオオカミだった。重要な意思決定を下し、いざというときにイニシアチブをとる年長のオオカミのために、「エネルギー節約のための道」を開通しているのだ。そして、いざ狩りをする段になると、経験豊富な年長のスピリットやフェイスがグループの中心に立ち、狙いを定めた有蹄動物に向かって雪の中を突き進むのだ。

過去の直接観察で触れたオオカミの思いやり

　サンシャインは家族の助けによって元気を取り戻した。しかし、このようなことはオオカミの世界ではよくあることなのだろうか。思いやりの行為は習慣的なものなのか、それとも例外的なことなのか。過去の調査を振り返ってみると、私たちがはじめて野生オオカミの情緒に触れたのは2001年夏のことだった。私たちが「ユーコン」と名づけた雌のオオカミが、ハイウェイ93号南線でトラックにはねられたが、なんとか一命を取り留めた。ユーコンの状態と所在がわからず、しばらくはずいぶん気をもんだ。そして私たちは、ユーコンが回復していく過程を通して、はじめてオオカミたちの感情に触れたのだ。

オオカミたちは除雪された道路や、手入れの行き届いたクロスカントリーコースなどを最大限に活用していた。

当時、セントラル・ロッキーズ・ウルフ・プロジェクトとともに調査を行っていた私たちは、オオカミ一家がけがを負った仲間にどのように接するかを間近で観察することができた。事故の直後、ほとんど歩ける状態ではなかったユーコンのそばには、母親のアスターがついていた。いつも彼のかたわらにいて、社会的生活の手助けをしていたのだ。アスターは何週間も息子に付きっ切りだった。そして、父親のストームと娘のニーシャが、アスターとユーコンのためにせっせと食糧を運んでいた。

彼らの行動は慈しみと思いやりに満ちていた。ストームやニーシャが、重傷を負ったユーコンを捨て置いたとしても不思議はない。しかし彼らはユーコンのために、肉の塊や有蹄動物の脚、ときにはカナダガンを丸ごと1羽運んでくる。献身的な介護と連携は、ユーコンが全快するまで続いた。「社会的競争心の強い大型肉食動物」という肩書きは、オオカミのほんの一面に過ぎないのだ。

私たちは長年にわたって複数のオオカミ一家を観察し、彼らが傷ついた家族に向ける慈悲深さを数々目にしてきた。事実、私たちはプロジェクト全体を通して9件も、ケガを負った家族への慈しみの行動をこの目で見てきたのだ。

オオカミの行動については、「偶然の賜物」「生物学的根拠のない単発的な出来事」、そして「情緒と結び付けて考えるのは過剰反応」とも言われてきた。しかし私たちは、情緒的行動こそが「オオカミらしさ」だと結論付けた。オオカミは傷ついた仲間に思いやりを持って接する。私たちが見た光景は、偶然の賜物でも、幻想でもない。それらを分析し、さまざまな見解を示す野生動物行動学者

と意見交換する中で、私たちはもう1つの結論に到達しようとしていた――野生オオカミ一家の思いやりと倫理の基準は、ある種の「生物進化」と解釈できるのではないか。この特性の進化については今後も注目に値する。

最後に、公園を訪れるすべての人が野生動物に敬意を払うこと、そして国立公園内を車で走行する際には次の事項を守ることの重要性を強調しておきたい。

- スピードを出さないこと。これはバンフ国立公園内の道路を走行する際に最も重要なことだ。速度表示に従うのはもちろん、野生動物を見かけたときは速度を落とし、いつでも停止できる状態を保っておく。

- オオカミなどの野生動物の観察は、ボウ渓谷のインフラ施設内で十分な距離をとり、エンジンを切った車両の中から行う。車内では静かに待機し、動物たちの活動を妨げないよう配慮する。オオカミが道路を横断する場面に遭遇したときは、必ず停止した状態で数分間待機する。彼らが道路を渡り終えたこと、後続のオオカミがいないことを確認の上、車を発進させること。

オオカミを見かけても、道路脇に停車させた車内に留まり観察することが大切だ。

ヒルズデール・メドウで
一家を率いるフェイス。
サンシャイン、スピリットがあとに続く。
2013年12月撮影。

2013年の始まりも、パイプストーン一家にとって
幸先の良いスタートとは言えなかった。
1月下旬、カリンと私はいつものように、
SUVの中からオオカミたちを観察していた
（私たちはフィールドワークのほとんどを乗車したまま実施した。
イエイヌは、においや外見やエンジン音で
飼い主の自動車を特定することができるが、オオカミたちもまた、
私たちの車を特定し、
順化することなくうまく順応し、許容するようになっていた）。
その日の朝、フェイスとスピリットが林の中の空き地から
私たちのSUVを見つけ、その後、雪の小山にマーキングをした。
トリックスターとユマは、道路沿いでネズミ狩りをして遊んでいた。

4 パイプストーン一家の没落

道路の横断地点付近で待機していたときだった。突然、血管の中を無数の針が流れていくような妙な感覚に襲われた。心臓発作だった。カリンがとっさにつかんだアスピリンを2錠、私の口に押し込んだ。そのおかげで、私はなんとか一命を取り留めた。カリンは命の恩人だ。後日、カルガリーの病院でステントを挿入された。あの日の恐怖は一生忘れないだろう。

その日から生活は一変した。車で4週間のフィールドワークに出かけることもない。ストレスもない。オオカミをこの目で見ることもない。しかし、一番キツかったのは禁煙だった。心臓発作に襲われた日の朝の一服が、人生最後の一服となった。

私が回復に努めている間、カリンが一手に観察を引き受け、毎日のように1人で実地に足を運んだ。もちろんイヌのティンバーがいつも一緒だ。4週間の療養を経て、私もようやくボウ渓谷に戻り、「私たちの」愛するオオカミを観察することができた。無煙状態で行うはじめてのフィールドワークだ。もしかするとオオカミたちも、「あのドイツ人が帰ってきたぞ。おやおや、タバコをふかしていないぞ！」と、少々面食らっていたかもしれない。

現場に戻ると息つく間もなく、パイプストーン一家が目の前で道路を横断し、私を直接観察の仕事へと引き戻した。数分後、一家は線路に向かって歩きはじめた。2月も中旬に差しかかり、親密そうに寄り添うフェイスとスピリットには「愛」の気配が感じられた。どうやら彼らは、ボウ渓谷で5回目となる繁殖行動に入ったようだった。

オオカミ観察は良薬なり

私はオオカミがいる現場に戻って来られた幸せを噛みしめていた。仕事を再開したからといって同じ災難に見舞われるとは限らないが、念には念を入れ、現場復帰は慎重に進めた。しかし、現場の空気は私の回復を妨げるどころか、むしろ良薬としてはたらいてくれた。2013年2月5日には、一家のアメリカアカシカ狩りに遭遇した。なんと贅沢な復帰祝いだろう。ただし、新しい命を宿したフェイスは例年と同じく、狩りには参加していなかった。翌朝9時、ボウ・ヴァレー・パークウェイには、腹を満たした2頭の親オオカミの姿があった。狩りは大成功を収めたのだ。

獲物をたらふく食べたあと、彼らはふたたび移動を始めた。何者にも邪魔されず、ボウ・ヴァレー・パークウェイを快適に進んでいく。なぜ彼らが「快適」だとわかったか。まず、私たちのほかに人間がいなかった。それに、観察対象であるオオカミたちは、駐車車両、特に観察者である私たちの車には負の反応を示さない。これは、20年以上にわたる観察の賜物だ。私たちはいつなんどきも、彼らに散策の自由を与えるため、一定の距離を保つよう心がけていたのだ。数十年にわたり、イエローストーン国立公園でオオカミ研究を続けるダグラス・スミスは、公園管理局の報告書の中で次のように述べている。「オオカミとの鉢合わせや、移動ルートの遮断を回避するには、オオカミの移動を予測し、撤退したり車に乗り込んだりすることが肝要である」（注7）。

その朝、オオカミたちは私たちのSUVに気づいていた。臆病な

注7）国立公園管理局「順化したオオカミの管理」10.

パークス・カナダは、ボウ渓谷の道路や鉄道で頻発する野生動物の事故死から目をそむけ、頭数の減少は捕食者であるオオカミのせいだと責任を転嫁するばかりだった。

トリックスターでさえリラックスした様子で、私たちの車のすぐそばをのんびりと通過していく。ボディランゲージもいたってニュートラルで、回避行動や逃走行動もまったく見られなかった（ストレスレベルの指標となるあくびも一切見られなかった。オオカミは目の前の事象や何らかの存在にストレスを感じるとあくびをする）。私たちの車がほかの駐車車両と接近しているときは、たとえエンジンを止めていたとしても、大きく迂回することが多かった。

　2013年2月27日午前7時15分、腹を満たしたフェイス、スピリット、ユマ、トリックスター、そしてG.B.は、ボウ・ヴァレー・パークウェイの真ん中で休んでいた。私たちは100メートルほど距離をとり、車の中からその様子を撮影した。オオカミたちはまったく気にもしていない。8時13分、私たちが撮影を開始してからおよそ1時間が経過しようかというとき、パークウェイを1台のSUVが猛スピードでやって来た。フェイスが起き上がる。SUVは道路上のオオカミたちを蹴散らして走り去った。パイプストーン一家の行動観察のおよそ3分の1が、こんなふうに中断された。2009年にパイプストーン一家に出会ってから、私たちが実施したオオカミ観察は実に997回を数えていた。そのうち、オオカミたちが人間の身勝手な行為により行動を妨げられる場面に遭遇したのは392回（39％）だった。

　私たちは、道路上で無防備に寝そべるオオカミたちをよく目にした。私たちにとってはその姿こそが、彼らの順応能力の象徴だった。「順化したオオカミが人間に危害を加える可能性がある」と言われる前に、ここで真実を伝えておこう。パイプストーン一家の観察プロジェクト全体を振り返ってみても、オオカミが威嚇や捕食習性のボディランゲージ、あるいは攻撃的な姿勢を示しながら人間に接近する場面には、1度たりとも出会ったことがなかった。この事実には大きな意味がある。観察結果が示すとおり、毎日のように人間に遭遇する環境にあっても、彼らは人間に順化してはいなかったのだ。たしかにオオカミたちは人間の気配に順応していた。しかし、道路や駐車車両の周辺にパイプストーン一家のオオカミが出没したから

なわばりの中心地を走るボウ・ヴァレー・パークウェイ沿いでマーキングをするスピリット。

と言って、彼らが人間に危険を及ぼすとは言えないのだ。

2012年から2013年：冬

　2012年から2013年の冬を迎える数年前から、私たちはカナディアン・ロッキーを拠点としたマイク・ジボー博士のイヌ科動物モニタリングプロジェクトに参加していた。私たちのフィールドワークは、バンフ国立公園における人間活動が、オオカミの行動パターンにどのような影響を及ぼすか、分析するための調査の一環だった。

　しかし、2013年の観察が進むにつれて、パイプストーン一家のおとなのオオカミたちが、家族のための食糧確保にかつてないほど苦労を強いられていることが明らかになった。同年3月の時点で

は、事態はそれほど深刻ではなさそうだった。一家の年齢と性別の割合に変化はなく、フェイスとスピリットとユマ、そしてG.B.とトリックスターとサンシャインの健康状態も良好だった。

　心臓発作の不安を抱えつつも、私たちは観察のペースを週7回に戻し、パイプストーン一家の活動を見守った。私たちはその冬、一家のリーダーシップ行動、においづけ行動、服従行動に焦点をあて、一家の従属的メンバーが親であるフェイスとスピリットに接近する頻度を調査した。

　表4.1は、2012年10月から2013年3月まで、一家がボウ・ヴァレー・パークウェイを移動する際にリーダーシップをとったメンバーと、その回数をまとめたものである。

　この期間はサンシャインがけがに苦しんでいた時期と重なり、そ

表4.1　ボウ・ヴァレー・パークウェイにおけるリーダーシップ：2012年10月から2013年3月

リーダーシップ	スピリット	フェイス	ユマ	G.B.	トリックスター	サンシャイン	合計
10月	11	9	7	7	0	6	40
11月	13	8	6	9	0	0	36
12月	17	22	4	5	2	0	50
1月	12	25	3	2	3	0	45
2月	11	19	10	2	0	2	44
3月	29	27	14	8	0	5	83
合計	93	110	44	33	5	13	298

の影響が柔軟措置的なリーダーシップ行動としてあらわれている。交配期に入り発情したフェイスは、スピリットに比べてグループの先頭に立つことが多かった。また、ユマとG.B.とトリックスターが親オオカミから離れ、グループの先に立つ場面も多く見受けられた。傷ついたサンシャインのそばで世話を焼いていたユマは、ほとんど一家の移動には参加していない。

表4.2は、2012年10月から2013年3月までの期間に、ボウ・ヴァレー・パークウェイの移動中に見られた対象物マーキング（計125回）とオーバーマーキング（計103回、括弧内の数字）の回数をまとめたものである。

親オオカミのスピリットとフェイスが、なわばりの中心地や境界で対象物にマーキングやオーバーマーキングをしたり、地面をか

いたりする一方で、唯一の1年子であるユマにもマーキング行動が確認された。ただし、ユマのマーキングの3分の1に対して、スピリットかフェイスのどちらかがオーバーマーキングを施していた。

表4.3は、2012年10月から2013年3月まで、従属メンバーが親オオカミのフェイスとスピリット（あるいはほかの上位メンバー）に接近する際の能動的な服従行動を観察し、その結果をまとめたものである。

分析結果を見れば、服従行為は必ずしも一方向的なものではないとわかる。若いオオカミたちはみな、親オオカミ2頭に服従的だった。つまり、この野生オオカミ一家が構築する社会的序列は、性別よりむしろ年齢と相関していると判断できる。囚われのオオカミの観察結果とは違い、スピリットには突出した支配的アルファ雄とし

表4.2　ボウ・ヴァレー・パークウェイにおけるマーキングとオーバーマーキング：2012年10月から2013年3月

マーキング	スピリット	フェイス	ユマ	G.B.	トリックスター	サンシャイン	合計
スピリット	—	59 (52)	6 (2)	0	0	0	65 (54)
フェイス	48 (41)	—	3 (1)	0	0	0	51 (42)
ユマ	6 (4)	3 (3)	—	0	0	0	9 (7)
G.B.	0	0	0	—	0	0	0
トリックスター	0	0	0	0	—	0	0
サンシャイン	0	0	0	0	0	—	0
合計	54 (45)	62 (55)	9 (3)	0	0	0	125 (103)

てのステータスが見られなかった。しかしその一方で、1年子のユマや子オオカミの服従行為は、親子間の組織的支配システムの基準を十分満たしていた。ユマと3頭の子オオカミは、親オオカミ2頭に対し、常に服従をあらわす低姿勢を保ち、ごくまれに親しげにあいさつするように接近するのだった。

過去に直接観察を行ったほかの野生オオカミ一家と同じく、パイプストーン一家の組織的支配システムは、集合、遠吠えの合唱、交流、遊戯など、家族としての日常的行為が基盤となっていた。性別や攻撃支配の有無にかかわらず、すべての従属メンバーがスピリットとフェイスの社会的地位を認めていた。2頭がそれぞれ推定8歳と7歳を迎え、足を引きずるようになっても、その関係性は崩れなかった。

オオカミ一家の「舞台裏」：2013年早春

道路沿いに落ちているオオカミの糞を調べた私たちは、大型の動物を食べた痕跡よりも、げっ歯類を食べた痕跡のほうが多くなっていることに気がついた。2013年4月、ボウ・ヴァレー・パークウェイに残るアメリカアカシカはわずか10頭だった。過去最低の数字だ。

渓谷で暮らすパイプストーン一家のなわばりの中心地には、散在する林や丘や牧草地、草原や湿地などのひらけた土地があった。その昔、たくさんの野生動物に出会えたエリアだ。

2013年春、ボウ・ヴァレー・パークウェイ付近では野生動物の数が激減し、かつてのにぎわいを失っていた。アメリカアカシカに

表4.3　パイプストーン一家の服従行動：2012年10月から2013年3月

支配	スピリット	フェイス	ユマ	G.B.	トリックスター	サンシャイン	
服従							服従合計
ユマ	31	48	—	0	0	0	79
G.B.	29	36	17	—	0	0	82
トリックスター	42	39	21	16	—	0	118
サンシャイン	38	36	22	11	7	—	114
支配合計	140	159	60	27	7	0	393

2013年春、ボウ・ヴァレー・パークウェイでは野生動物が減少し、かつてのにぎわいを失っていた。ビッグホーン・スプリットでこのビッグホーンの幼獣を撮影したのは2002年4月のことだった。

加えて、ミュールジカ、オジロジカ、ビッグホーン、コヨーテ、カンジキウサギも、歴史的な減少傾向をたどっている。ワタリガラスもすっかりおとなしくなり、パークウェイ沿いでよく見かけたコロンビアジリスの家族の姿も見当たらない。ただし、ヘラジカだけは、食糧をめぐるライバルのアメリカアカシカが少なくなったおかげで、ムース・メドウなどのエリアで復活を果たしていた。

渓谷の切迫した状況を受けて、「ロッキー・マウンテン・アウトルック」紙などの地元紙は、住民たちの心配の声や批判的な記事を掲載するようになった。人々は渓谷における野生動物の死亡件数があまりにも多いことに驚き、ようやく懸念を抱きはじめたのだ。私たちはもうずいぶん前から、この状況に警鐘を鳴らし続けていたのだが。しかし、国内外から手厳しい意見が寄せられたにもかかわらず、管理局はボウ渓谷のさらなる開発と商業化に注力した。バンフの広報局はPR活動にますます拍車をかけ、「すばらしきバンフ」と銘打ったキャンペーンを展開。その活動はケーブルテレビや民放テレビで連日取り上げられるほどだった。

そんな中、私たちは地元新聞に掲載された記事を読んで愕然とした。パークス・カナダお抱えの生物学者が、パイプストーン一家について次のように語っていたのだ。「渓谷の動物を食べ尽くしてしまったのは、ほかでもない彼ら自身である」。公園の管理者たちも、渓谷の野生動物の不足はオオカミのせいだと明言している。渓谷のアメリカアカシカの移送・間引きプログラムや、道路や鉄道で毎年のように頻発する野生動物の事故死については、一言も触れることはなかった（その一方で、トランス・カナダ・ハイウェイに設置し

たフェンスが、動物の死亡率低下に貢献していると主張）。

パイプストーン一家の生活:2013年夏

2013年の春には、ボウ渓谷で食糧探しに奔走するパイプストーン一家を追跡し、その途方もない移動距離を測定した。GPS装置を用いて調査した結果、オオカミたちはその年の春、2010年と2011年の平均移動距離の2倍も移動していたことがわかった。

ボウ渓谷におけるオオカミたちの狩猟と食糧探しは難航していた。2013年4月には、スピリットが足を引きずって歩いていた。一家のほかのメンバーにも精気が感じられない。春先に奥地（パイプストーン渓谷とサンシャイン渓谷）まで、長く危険な食糧探しの旅に出かけたせいだろう。

2013年4月5日、私たちをふたたび悲しみが襲った。ミュールシュー付近のカナダ太平洋鉄道で、G.B.が事故死したのだ。私たちは愛嬌たっぷりのゴールデンボーイが大好きだった。

2013年4月11日の朝、ユマとトリックスターがランデブーサイトで30分ほどネズミ狩りに勤しんでいた。その後2頭は、サンシャインとスピリットに合流し、巣穴エリアへ向かった。しかしその日を境に、トリックスターの姿が見えなくなった。4月半ばに出産し、巣穴で過ごしていたフェイス（授乳期に入ったことは確認済みだった）は、例年よりも早い4月25日にスピリットと連れ立って道路に出た。その日の夕方、フェイスとスピリットはバックスワンプを目指し、パークウェイ沿いを東へ移動していた。巣穴形成地からは13

キロメートルもある。ほかのメンバーの姿はなく、親オオカミ2頭きりだった。私たちは子供たちが無事かと案じていたが、その2日後には、巣穴形成地でユマとサンシャインの姿を確認することができた。

オオカミを追う地元カメラマンの数は確実に増えていた。ユマとサンシャインがボウ・ヴァレー・パークウェイにしょっちゅう出ていたことも災いした。4月30日の早朝には、6人ものカメラマンに執拗に追い回されたユマが、道路脇を足早に駆けていった。

この頃、スピリットはずいぶん慎重に行動するようになっていた。巣穴を出入りするときも、人間に気取られぬよう細心の注意を払う。私たちは遠くから、できる限り彼の動きを撮影し、記録するよう努めたが、それでもやはりユマとサンシャインを記録することのほうが多かった。2013年5月下旬、ワタリガラスに導かれ、私たちはボウ川のそばに横たわる2頭の動物の死骸（どちらも有蹄動物だった）を発見した。フェイスと生まれたばかりの子供たちにもグッドニュースだ。娘2頭が死骸の大部分を持ち帰り、5月30日にはスピリットが雄のミュールジカの後ろ脚を巣穴まで運んだ。

社会的安定と遊戯行動

本章のはじめに触れたとおり、2013年春、パイプストーン一家は生活の困難に直面していた。私たちは、彼らの交流を観察して得られたデータを整理し、その年の冬から春と、前年までの同じ時期とで、遊戯行動の回数を比較した。すると、彼らの生活の質が著しく低下していることが明らかになった。

オオカミたちが群れで生活するのは、集団で狩りを行うためではない。コミュニケーション能力に長けた社会性の高い動物だからこそ、群れで暮らしているのだ。彼らは、追いかけっこや取っ組み合いなど、社会的遊戯に没頭する中で、お互いの癖や意図、機嫌や「気持ち」を推し量ることを学ぶ。社会的ストレスや環境ストレスが少なければ少ないほど、オオカミの戯れの機会は多くなる。また、哺乳類が遊戯を開始するには、社会的にも環境的にもリラックスした状態でなければならない。ペットを愛する飼い主ならよくおわかりだろう。

2013年、パイプストーン一家はストレスのない環境探しに手間取っていた。獲物が不足する中で、サンシャインが重傷を負い、それでも何とか回復した頃だった。そんな激動の日々にあっても、カメラマンや観光客は容赦なく、毎日のようにボウ・ヴァレー・パークウェイに押しかけた。

2013年3月、サンシャインが完全復活を果たした。しかしその一方で、ユマと3頭の子供たちが遊ぶのをやめてしまった。私たちの頭の中で警鐘が激しく鳴り響く。子供たちにはたくさんの遊戯体験が必要だ。社会的・情緒的絆と仲間との関係性、そして最も重要な「フェアプレーの精神」（仲間への攻撃を減らす効果がある）を育む機会が不足すれば、野生のオオカミは本来の社会性を保てなくなる。

○遊戯行動の意義

「遊戯本能」や「遊戯衝動」が存在せずとも、若いオオカミの社会

オオカミが群れで暮らす理由は、集団狩猟を行うためではなく、彼らがコミュニケーション能力に長けた社会性の高い動物だからだ。社会的ストレス、環境ストレスが少なければ少ないほど、オオカミたちの戯れは多く見られる。

的発達の過程にはさまざまな遊びの体系が存在する。子オオカミたちは社会的遊戯のほかに、捕食遊戯や追いかけっこ、物を使った遊び（引っ張り合いなど）などに精を出す。社会的遊戯の欠如は、集団行動体系の機能低下に直結する。メヒティルト・カウファーは、著書『Canine Play Behavior（イヌ科動物の遊戯行動）』で、動物行動学者のマーク・ベコフのことばを紹介している──「逸脱行為にペナルティのない社会的遊戯は、公正と連携の基礎となる社会的能力を学ぶ最良の手段である」[注8]

遊びを通して学ぶ行動の柔軟性は、社会生活の中で活きてくる。2001年から2002年の冬、オオカミの遊戯の減少と衝突の増加に着目した私たちは、両者の関係と直接的な影響（社会的コミュニケーションや秩序にもたらされた劇的な変化など）を記録し、フェアホルム一家の社会的崩壊についてパークス・カナダに報告した。しかし、一家が抱えるストレスや社会的分離の状況、オオカミたちの健康状態や生存を脅かした出来事をどれだけ説明しても、パークス・カナダの野生動物管理者は「飛躍した理屈」だと笑いとばした。そして彼らは、一家の社会的遊戯の減少を深刻にとらえるところか、アメリカアカシカの間引きと移送をなおも続けたのだ。

すべての行動には結果がついてくる。そして、アメリカアカシカの移送・間引きプログラムが招いた結果とは、その一帯でかつてはうまく機能していた捕食・被食システムの崩壊と、食糧不足によるフェアホルム一家のストレス増大だった（一家は直ちになわばりを捨て、その後14年間、アメリカアカシカを狩りにやって来ることはなかった）。パイプストーン一家に出会うずっと前の話だ。動物

の社会的集団行動が複雑であればあるほど、幼獣の発展過程は長期的な遊戯体験に独占される。オオカミがまさにその典型だ。特に子オオカミや1年子は夢中になって遊ぶ。どれだけ時間と体力を消費し、どれだけ危険を伴おうとも、彼らは遊びに全力を注ぐのだ。

ストレスが増大すれば、遊びが少なくなる。遊びが少なくなると、オオカミ社会に不安が増大する。2013年のオオカミたちの姿に、私たちは歴史が繰り返されようとしていることを悟った。年始の数カ月、G.B.とトリックスターとサンシャインは、2012年以前に誕生したきょうだいが同じ月齢だった頃と比べて、集団遊戯行動が40％も少なくなっていた。

2013年の始まりに舞い込んだ唯一の良い知らせは、1年子であるサンシャインが3月を迎える前に健康を取り戻しつつあることだった。

リーダーシップの変化

2013年6月、それぞれ推定7才と8才を迎えていたフェイスとスピリットが、3週連続でボウ・ヴァレー・パークウェイに姿を見せた。体力の衰えを感じる年齢に差しかかり、体力温存のためにあえて道路移動を選んだのだろう。大雨で渓谷が氾濫し、森の中は一部浸水したり、ぬかるんだりしていたから、賢明な選択だったと言える。フェイスがスピリットを帯同せずに食糧探しに出るときは、ユマを伴い出かけることが多かった。サンシャインは狩りには参加せず、誕生したばかりの子供たちの面倒を見ていた。

上段左:社会的遊戯は野生オオカミの遊びの形態の1つだ。

上段右:捕食遊戯もまた大切な遊びの1つである。

下段左:ヒルズデール・メドウで走り回るブリザード。

下段右:ネズミを放り投げて遊ぶブリザードと、それを眺めるチェスター。

聡明なスピリットも年老いて、家族での集団活動に対する意欲を失っていた。リーダー雄としての仕事のほとんどはフェイスが引き継いでいた。スピリットは老衰から足を引きずるようになっており、治る見込みはなさそうだった。フェイスもきっと、健康上の問題を抱えるパートナーの「過労」を心配していたのだと思う。オオカミの感情を憶測で語るべきではないかもしれない。しかし私たちは、「家族の円滑な営み」のためにフェイスが尽くした努力に対し、敬意を払わずにいられないのだ。

その年の春と夏、フェイスはパイプストーン一家の中心的存在として家族を牽引し続けた。2011年から2012年に比べても、ほとんどすべての集団行動を支配し、出発、休息、集合、進路変更などでイニシアチブをとっていた。ボウ・ヴァレー・パークウェイを移動するときは、必ずスピリット、ユマ、サンシャインの先に立つ。2013年6月3日午前7時36分にも、フェイスは一家の先頭に立っていた。フェイスのあとにユマ、サンシャインが続き、スピリットが少し遅れてついていく。一家の列の順番は、その姿が見えなくなるまでの23分間、まったく崩れることはなかった。

一方のスピリットは、行動の起点となる機会がめっきり減り、フェイスの行動にただ追従するばかりだった。2013年5月と6月には、パイプストーン一家の組織内リーダーシップについて89回の直接観察を行った。図表4.1から図表4.5は、パイプストーン一家の意思決定と行動イニシアチブについて、出発、休息、集合、目的地変更で、おとなのメンバーがそれぞれ先頭に立った回数と割合をまとめたものである。

クロクマとの遭遇

2013年6月末からは、一家のランデブーサイト周辺におけるソシオグラム（オオカミ同士の社会的なつながりをグラフィック化したもの）とエソグラム（各オオカミの行動をリスト化した目録）の作成に着手した。現況を克明に記録し、過去に収集した情報と比較していく。フェイス、スピリット、ユマ、サンシャインは、6頭の子オオカミ（黒の雄3頭、黒の雌2頭、グレーの雌1頭）のための食糧探しに苦労していた。6月10日午前5時44分、スピリットが巣穴に近い道路脇に佇んでいた。足を引きずりながらも、自らの任務を全うすべく、西へ狩りに出かけようとしている。ストーム・マウンテンを目指して15キロメートルほど歩いただろうか。1時間半ほど追跡したところで、私たちはスピリットを見失った。その後スピリットは4日間も雲隠れし、一家の巣穴は大黒柱を欠いた状態が続いた。

2013年6月17日午前6時25分、いかにも健康そうな1頭のクロクマが、一家のランデブーサイト付近にやって来た。ボウ・ヴァレー・パークウェイ沿いで1時間以上もタンポポや新鮮な草を食べている。車中から注意深く観察すると、左肩に開いた傷のようなものが見えた。そうこうしているうちに、オオカミたちがクマに気づき、じりじりと接近しはじめた。

アイ・ストーキングの姿勢に入ったフェイスと、背中の毛を逆立てて、尾をぴんと立てたユマとサンシャインが、別々の方角からクマに近づいていく。ユマとサンシャインは寸前で足を止めると、ク

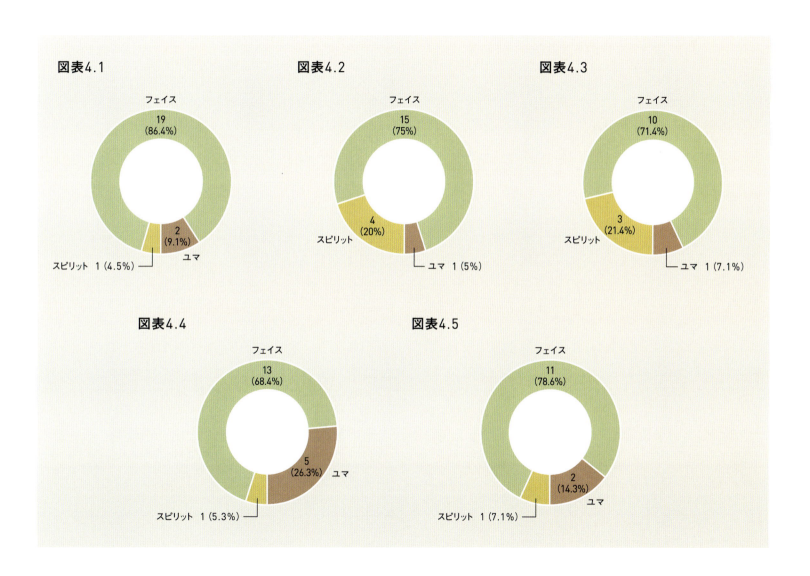

マに向かって激しく吠えた。先手を取って敵をひるませ、巣穴へ帰した2頭の子オオカミから遠ざける作戦だ。フェイスは一歩足を踏み出し、一瞬のためらいもなく猛然とクマに襲いかかった。クマの背に掴みかかり、怒り狂ったように激しく揺さぶる。その一撃で十分だった。クマは一刻も早く退散すべきと悟ったようだ。パイプストーン一家はこの騒動で、雄の関与も助けも借りず、「女の底力」だけで危機的状況を脱してみせたのだ。

　3頭の雌は逃げていくクマを追いかけず、その代わりにクマが草を食んでいた辺りの地面をしきりと嗅ぎ回った。フェイスとユマがマーキングを始めると、そこへスピリットがやって来てマーキングに参加した。スピリットとフェイスはオーバーマーキングを何度も繰り返した。2頭は地面をかき続けた。聖地の「浄化」が完了するまで、スピリットはマーキングを10回、フェイスはオーバーマーキングを8回も繰り返した。ユマも2回マーキングをした。

監視の目：2013年夏

　私たちは以前から、「公園管理者はオオカミ観察など行わない。彼らがオオカミを目撃するとすれば、それはただの偶然だ」と聞かされていた。だから、2013年6月の終わりに、パイプストーン一家の巣穴付近の駐車場で、管理局の職員を頻繁に見かけるようになったときは心底驚いた。長時間にわたり、子オオカミ目当てに巣穴とランデブーサイトを何度も忙しく往復しているのだ。

　2013年7月5日、オオカミたちはすでに巣穴とランデブーサイトを放棄したようだった。同日午前5時15分、フェイスとユマとサンシャインが4頭の黒い子オオカミを伴い、巣穴から8キロメートルほど離れたパークウェイを移動していた。森林の火入れが行われた辺りだ。午前6時30分、ユマ、フェイス、子オオカミたちは、ひらけた草原に集合していたが、そのときもやはり2頭の子オオカミの姿は見当たらなかった。彼らの身に何があったのだろう。しばらくすると、フェイスとユマが茂みを巧みに利用しながら、4頭の子供たちをボウ川まで連れて行き、その後みなで川を渡ったようだ。一家は対岸に集まり、休息していた。

　子オオカミは集団移動中、おとなの行動を最大限まねようとする。夏を過ごすことになるサンシャイン渓谷の新しいランデブーサイトにたどり着くと、スピリットが獲物探しの先頭に立った。良い兆候だ。2011年と2012年の夏と同じように、オオカミたちはヒーリー・パスに続く丘を何度も上り下りした。

　フェイス、ユマ、サンシャインが道路を横断するときは、内気で慎重なタイプBの子オオカミ2頭が、いつも置いてきぼりを食っていた。一方、大胆なタイプAの2頭は、常にフェイスやユマやサンシャインのおしりにぴたりとくっついていた。

　私たちはその夏、オオカミたちのなわばり活用をつぶさに観察した。フェイスは成獣に成長した娘たちを連れて、ふたたび雌だけで活動を始めた。スピリットが一家の遠出に同行する機会は減っていたが、それでも足を引きずりながら、雌や子供たちのために狩りの先導役を務めていたようだ。こつ然と姿を消してしまうこともあったが、渓谷で待つ子供たちのために、ときどきシカやヒツジの脚を

運んで来る。お土産を携えた父の帰還に子供たちは大興奮で、まとわりついたり、飛びついたりと忙しかった。「パパ」に会えてうれしかったのだろう。しかし次の朝にはもう、スピリットは姿を消していた。

　その夏、私たちは一家のどのオオカミが、いつ、どこで、何をしているのか、腰を据えて観察することにした。すると、やはり雌グループが複雑な地形の山あいに出かけ、子供たちの食探しに奔走していた。周辺にスピリットの姿はない。そんな中、2013年9月13日、キャッスル・マウンテン近くの鉄道で、黒い雄の子供が命を落とした。一家がいつどのようにサンシャイン渓谷からボウ渓谷に戻ったのかはわからない。毎年のようにオオカミを失うことに、私たちはやりきれなさを感じた。

緊迫した日々

　2013年9月、私たちはついに、不穏な夏を乗り切った3頭の子供たちを識別して名前をつけ、それぞれの基本的性格タイプと序列タイプを特定することに成功した。きわめて活発なタイプAの「エレイン」は、気性が激しく頑固な性格だった。タイプBの雌「ケイラ」は、不憫なほど従順でメンタルも弱く、体つきも貧相だった。タイプBの「タイラー」は、遊ぶのが好きな社交的タイプで、コンパクトに引き締まった背の高い雄だった。

　9月30日の朝、フェイスがサンシャイン、スピリット、トリックスターと子供たち3頭を引き連れて、アウトレット・クリークの奥の草地を通過し、その後レイク・ルイーズ付近でアメリカアカシカの死骸を食べた。いつものように、ワタリガラスの群れとティンバーの鼻が、私たちに死骸のある場所を教えてくれた。丘の上だったので、遠くからでも彼らの様子がよく見えた。車内でくつろぎながらオオカミたちとワタリガラスの交流を撮影する。しばらく姿を消していたトリックスターも家族の輪の中に戻っていた。

　2013年11月5日午後5時、一家はボウ・ヴァレー・パークウェイを移動していた。おとなのメンバーにストレス性の行動が見られる。道中で先頭に立ち続けたフェイスも、鼻をなめ、あくびをして

プロテクション・マウンテン付近のぬかるみに残されたオオカミの足跡。

いた。あくびはオオカミやクマがストレスを感じたときに見せる行動の1つだ。スピリットもストレスのシグナルを発していた。地面をかき、くしゃみをし、武者震いをしている。ユマは背を丸め、体全体で「不機嫌」を表しているし、サンシャインも鼻と口のまわりをなめ続けていた。残念ながらこの時点で、行動観察は散発的にしか実施できなくなっていた。夏から秋にかけて、ボウ・ヴァレー・パークウェイとカナダ太平洋鉄道の往来がことのほか激しくなっていたのだ。ケーブルテレビのニュースは、バンフの集客数が例年の9%増だと伝えていた。なるほど、人も車も多いわけだ。

　ボウ・ヴァレー・パークウェイだけでなく、公園のいたるところで、事態はもはや収拾がつかない状態になっていた。黄金色に輝くカラマツを見ようと観光客の群れが押し寄せる。交通渋滞は日常茶飯事だった。ようやくオオカミたちに出会えても、彼らはかつてないほど恐怖心を露わにし、回避行動を見せるようになっていた。表情からもストレスの大きさは一目瞭然だった。耳は倒れ、あくびを繰り返し、口の周りをなめ、体と尾を低く保っている。ありとあらゆるストレスの症状があらわれていた。

　ストレスを抱えるのも無理はなかった。ボウ・ヴァレー・パークウェイでは車が猛スピードで走り、道路脇には観光客が捨てたゴミが散らかり放題だ。人々は規則を無視し、道路沿いの駐車場でテントを張って夜を明かし、立ち入り禁止区域に侵入しては不法に花を摘む。シカの角を拾い集める者もいた。しかし、やるべき仕事に取り組む公園の管理者や法執行機関の人間には、1度もお目にかかれなかった。

○閉ざされた社会の攻撃性

　人間が引き起こす一連の騒動を見れば、パイプストーン一家の社会的構造に障害が生じたのもうなずける。また、家族内の攻撃行動も目立ちはじめていた。2歳半を迎えたユマが、子オオカミ同士の醜い争い事に割って入っては仲裁を試みていた。生後6カ月のケイラが、強いストレス性のボディランゲージを発している。同腹のきょうだいのタイラーとエレインをひどく恐れているのだ。2頭は共謀し、毎日のようにケイラをいじめていた。

　2頭以上のオオカミが集団を成して、きわめて従順なオオカミを追い回し、つきまとい、噛みつき、押さえつけるなどの行為を繰り返して痛めつけた場合、それは間違いなくいじめや攻撃行動に分類される。しかし、従属的な立場が一時的なものに過ぎず、個体が仲間からの攻撃を跳ね返すことができる場合、それはいじめではなく遊戯に分類される。攻撃行動と遊戯行動の境界線はときにあいまいだ。攻撃する側のオオカミが、取っ組み合いなどの社会的遊戯から、瞬時に捕食モードに切り替わることもあるのだ。

　ユマがケイラをかばおうと、集団いじめのただ中へ何度も割って入った。しかし、仲裁はなかなかうまくいかなかった。するとそこへフェイスが飛んで入り、なぜかユマにきつく当たった。夏の間、フェイスはユマと抜群の連携を見せていた。ユマに対する母の変貌ぶりを目の当たりにし、サンシャインはひどく混乱しているようだった。2013年11月の1週目が終わる頃、フェイスの攻撃に耐えかねたユマが、とうとう家族のもとを去った。3頭の子供たちの世

話係は、1歳半になったトリックスターとサンシャインが引き継いだ。それでもタイラーとエレインは、ケイラへの攻撃の手を緩めようとしなかった。

11月14日の朝、フェイスを先頭に、スピリット、サンシャイン、トリックスター、タイラー、エレイン、ケイラが、パークウェイを横断した。プロテクション・マウンテン付近の古い巣穴に向かっている。大雪に見舞われた直後だったこともあり、線路沿いを移動することにしたようだ。2日後、深い雪の中を進んでいた彼らは、道路の真ん中で休息をとった。狩りに成功したらしく、満腹の様子だった。私たちのほかに人影はない。10分間も休息しただろうか。穏やかな団らんの時間を切り裂くように、地元の2人連れが車でやって来た。オオカミたちはすぐに起き上がり、森の中へと消えて行った。

2013年から2014年：冬

2013年12月の始め、フェイスの活動は人間の群れから家族を守ることに終始した。スピリットもさほど調子が悪くないとは言え、かなりのストレスを抱えているようだった。冬が始まる頃には静けさが戻るだろう——そんな考えは甘かった。ボウ・ヴァレー・パークウェイでオオカミ見物ができるという噂が瞬く間に広まり、一家のメンバーが道路を横断しようものなら、待ち構える観光客やカメラマンに追いかけられた。

私たちはソーシャルメディアの弊害を思い知らされた。オオカ

ミが人間に写真を撮られた1時間後には、フェイスブックやツイッターで情報が拡散されている。フェイスブックのユーザーや自称オオカミ専門家らが、パイプストーン一家の「アルファのつがい」の出没情報を紹介し、自らのオオカミ愛や、至近距離でのオオカミ撮影について熱っぽく語っている。大胆な性格のサンシャインが無防備に道路に出ては、観光客に追い回されていたのもこの頃だった。「オオカミ愛好家」を名乗る者が、どうしてオオカミのストレス行動の基本的知識を身につけようとしないのだろう。彼らはなぜ、オオカミたちをそっとしておいてやらないのだろう。私たちの苛立ちは最高潮に達していた。

カリンと私はもう十分だと感じていた。それはジョンも同じだった。事実、彼は2012年6月に、一家の撮影を辞めてしまった。撮影という作業自体が倫理にもとるのではないかと感じるようになったのだ。オオカミを救うための一手段だったはずが、逆にオオカミいじめに加担してしまっているのではないかと。その気持ちは十分

ヒルズデール・メドウにやって来たユマとスピリット（木の向こうでマーキングをしている）。2013年晩秋撮影。

理解できた。ボウ・ヴァレー・パークウェイにどれだけ人が押し寄せても、パークス・カナダが問題解決に動く気配はなかった（野生動物観察の注意事項を人々に伝えることすらしなかったのだ）。私が心臓発作に見舞われたあと、私たち夫婦はキャンモアの家を売り払い、ボウ渓谷を去ることを決意していた。オオカミ見物に人々が押し寄せる新しい時代が到来し、そのせいでストレスを抱えるようになったことも、心臓発作の原因の1つだったようにも感じていた。渓谷を去るのはつらかった。しかし、時は来たのだ。

それでも私たちのストレスなど、パイプストーン一家のストレスに比べれば屁でもない。彼らの将来を思うと絶望感に苛まれた。オオカミたちは、渓谷で渦巻くカオスの中でどうにか生きている。しかし、それも長くは続かないだろう。私たちはこれ以上、ほかの人

間にオオカミの居場所を知らせる役目を負いたくなかった。いつしか私たちの車はオオカミ見物人たちの目印となり、私たちの車を追跡しては、そばに駐車する者があとを絶たなくなっていたのだ。

2014年冬の始め、一家は急転直下の局面を迎えた。私たちは、ボウ・ヴァレー・パークウェイやカナダ太平洋鉄道で、カメラマンたちに追跡されたときの一家の動向を観察し、負の影響を受けた行動を記録しようとしていた。それが私たちにとって、渓谷での最後の作業だった。

2013年10月始めから12月半ばまで、パイプストーン一家のオオカミが、人間（車から降りた状態）がいるボウ・ヴァレー・パークウェイや線路に接近しようとする場面を59回観察した。表4.4は、一家を先導する3頭（フェイス、スピリット、サンシャイン）が、人間に対して能動的回避行動をとった回数をそれぞれまとめたものである。

なわばりの境界の変化と特異な摂食行動

2013年の後半までは、パイプストーン一家が東部のヴァーミリオン・レイクに足をのばすことはあまりなかった。しかし、ボウ・ヴァレー・パークウェイで食糧が不足してくると、彼らはなわばりの範囲を見直し、バンフに近いヴァーミリオンでアメリカアカシカの小さな群れを狙うようになった。一家はフェイスに率いられ、エディスのガード下通路（トランス・カナダ・ハイウェイ下の野生動物専用通路。ハイカーもよく使う）を頻繁に通るようになった。

表4.4　フェイス、スピリット、サンシャインの能動的回避行動：
**　　　　2013年10月上旬から12月中旬**

人間活動による妨害	パークウェイ	鉄道	合計
フェイス	26（68.4%）	15（71.4%）	41（69.4%）
スピリット	7（18.4%）	2（9.5%）	9（15.3%）
サンシャイン	5（13.2%）	4（19.1%）	9（15.3%）
合計	38（100%）	21（100%）	59（100%）

2013年12月にはこの新しい狩猟場所を3度訪れている。トリックスターがヴァーミリオンの線路を単独で移動するところも何度か見かけた。

　交配期に入ると、フェイスとスピリットは忙しくなる。そんな中、フェイスが生後8カ月のエレインとケイラに対し、敵対行動に出ることが多くなった。幼い雌は繁殖のライバルにはなり得ない。フェイスはフェイスらしさを失っていた。

　フェイスが繰り返し見せる攻撃性もまた、ボウ渓谷の獲物不足による食糧の枯渇に深く根ざしているとの印象を受けた。しかし、幼い娘に対する攻撃には、さまざまな点で疑問が残る。パイプストーン一家がアメリカアカシカやヘラジカなどの大型動物を狩って食べるとき、さほど厳格な摂食順序は見られなかった。それどころか、若いオオカミが親オオカミのお咎めなしに食糧をくすねる場面を何度も見てきたし、その年に誕生した子供たちがいつも優先されていた。かつてはそんな光景が、パイプストーン一家の（そして過去に観察したオオカミ一家の）日常だったのだ。

ユマと3頭の子供たち（タイラー、ケイラ、エレイン）。2013年12月の始めにユマが1度だけ一家のもとを訪れた。

しかし、今や様相はすっかり変わり、フェイスが年長の子供であるトリックスターとサンシャインに組織的支配権を行使したり、食糧摂取を制限したりすることもなくなっていた（過去の経験からこうなることはある程度予測していたが）。そしてその代わり、フェイスは幼い娘のエレインとケイラ、そして息子のタイラーをいじめぬいたのだ。

2013年12月の3週目、3頭の子供たちはフェイスの攻撃行動への恐怖心から、動物の死骸と数百メートルも距離をとるようになっていた。摂食不足は栄養失調をひき起こす。特に幼い子供には非常に危険だ。

私たちは困惑した。経験豊富なオオカミ行動観察者でさえ、ときにオオカミの行動に翻弄される。私たちはまさにそんな状態に陥っていた。

引っ越し

2013年12月23日、カリンと私はロッキーを離れ、アルバータの南西部にあるポーキュパイン・ヒルズの南に移動した。自然あふれるエリアに物件を購入したのだ。ここなら静かな環境で、落ち着いて動物の行動を観察できる。実際、何者にも邪魔されることなく、コヨーテ一家の巣穴とランデブーサイトで、10頭という大所帯の行動の一部始終を記録することができた。コヨーテの子供たちは、毎日のように近くの池で泳いだり、遊んだりしている。バンフとは雲泥の差だった。

その間も、友人であるヘンドリク・ベッシュが、オオカミ観察プロジェクトを引き継いでくれていた。彼もまた、公園の来訪者によるオオカミたちへの暴挙を目の当たりにし、抗議文書を立て続けにパークス・カナダに送ったが、私たちが何年も経験したように、言い訳ばかりが返ってくるのだった。

パイプストーン一家の崩壊

繁殖雌が出産する子の数は、年とともに少なくなる。2014年5月の終わりに、フェイスがたった3頭の子しか産まなかったのも当然のことだ。3頭のうちの2頭は黒い雄で、1頭は黒い雌だった。その当時、ボウ・ヴァレー・パークウェイでは、人間に野生動物の活動を邪魔させないための処置として、夜の8時から朝の8時まで、18キロメートルにわたる夜間通行止めが実施されていた（ジョンも夜間閉鎖勧告委員会の一員に名を連ねていた。カリンと私がパークス・カナダにはじめて夜間通行止めを提案したのは2002年のことだった）。しかし、2014年5月にバンフに戻ってみると、この道路閉鎖も小手先だけのパフォーマンスだったことがわかった。通行止めのはずの時間帯に、公園の職員が何人も、巣穴エリアに車で堂々と侵入するのを目撃したのだ。

5月の2週目、ヘンドリクから悲しい知らせが届いた。2才になったトリックスターがサンシャイン交換局付近のトランス・カナダ・ハイウェイで重傷を負い、死んでしまったと言うのだ。目撃情報によると、ハイウェイのフェンスの不具合がまたもや放置されていた

子オオカミ3頭のうちの2頭。2013年12月撮影。

らしい。信じられなかった。フェンスの状態を確かめに行ってみると、私たちが前年に報告したはずの穴と損傷がそのまま残っていた。

6月の終わりの1週間、カリンと私はボウ渓谷に戻り、オオカミを間近で観察した。しかし、そこで私たちが見たのは、すっかり衰弱した3頭の子オオカミの姿だった。

つきつけられた現実

2014年夏の始め、1年子の雌、エレインとケイラが、数週間にわたり姿を消した。フェイスとスピリットが食糧探しに出ている間、一体どのオオカミが子オオカミの面倒をみているのだろう。スピリットは相変わらず足を引きずっていた。子オオカミにはなかなかお目にかかれなかったが、聞くところによると、ひどく弱っているらしい。7月末には、3頭のうち2頭が死に絶え、2014年に誕生した子供の生き残りは、黒い雌1頭のみとなっていた。

夏の終わり、私は1人でバンフへ出かけた。しばらく滞在して、パイプストーン一家に何が起きているのか、この目で確認するつもりだった。いつものSUVは使わずに別の車で出かけ、私を尾行しようとする地元カメラマンの目を欺いた。何日も車であちこちを回っているうちに、パイプストーン一家が置かれた状況が少しずつ見えてきた。スピリットはもはや家族から「離脱」状態。フェイスはすっかり痩せこけている。エレインとケイラの姿もなかった。フェイス、スピリット、サンシャインの社会的・情緒的関係と社会的な絆は、もはや機能していなかった。あのサンシャインでさ

え、遊戯への欲求を失っていた。最大の問題は、フェイスが狩猟のときも連携能力を発揮できなくなったことだった。そのせいで、生き残った子オオカミに食糧を与え、育てることもままならなくなっていた。

時代の終焉

私は最後に、残されたおとなのオオカミたちの運動パターンを調査した。2014年9月、フェイスとサンシャインが移動するかたわらに、スピリットの姿はなかった。スピリットを最後に見かけたのは、9月28日と9月29日の2回だけ。もはや昔の面影はなかった。9月29日のフィールドノートにはこう記されている——「スピリット＝骨と皮だけ」。私たちが愛した英知あふれる偉大なオオカミを、私たちはその後2度と目にすることはなかった。死因は……、おそらく餓死だろう。

フェイスとサンシャインは相変わらず、一家の主要ランデブーサイトの周辺にいた。しかし、なかなか狩りは成功せず、腹の空きた子オオカミは危険にさらされていた。一家の社会的構造はきわめてもろく、終焉の気配が刻一刻と迫りくる。守護者たる健康な雄の存在なくして、とてつもなく広いなわばりと食糧をフェイスとサンシャインだけで守りきることはできまい。別のオオカミ一家がボウ渓谷にやって来て、2頭の雌に戦いを挑む可能性も十分あった。

2014年の早々、パークス・カナダは大型イヌ科動物の人的事故死件数を隠すという新たな広報方針を実践していた。エレインと

ケイラが列車事故で命を落としたことも、私たちは1カ月もあとで知ったのだ。タイラーの姿も見当たらなかったが、彼の身に何が起こったのかはわからなかった。そして2014年10月下旬、たった2頭となってしまったパイプストーン一家にさらなる悲劇が襲いかかった。

情報源はパークス・カナダだった。黒いオオカミと行動をともにするグレーの雌のオオカミが、レイク・ルイーズ西のトランス・カナダ・ハイウェイで事故に遭い、重傷を負ったという。フェイスとサンシャインに違いない。パークス・カナダは雌のオオカミの死骸を見つけることができなかったが、それでも私たちは、パイプストーン一家の中心に立ち続けた偉大なるオオカミに、もう2度と会うことはないだろうと覚悟した。パイプストーン一家は、とうとうサンシャイン1頭だけになってしまった。

2015年冬の始め、サンシャインは一家のなわばりの中心地にいた。カメラマンたちの妨害を受けながらも、ボウ・ヴァレー・パークウェイを往来する姿を何度か見かけた。彼女をそっとしておいてやろうという者は誰1人としていなかった。

その冬、新しいオオカミ2頭が現れて、古いパイプストーン一家のなわばりを占拠しはじめた。サンシャインは渓谷から姿を消した。2015年4月、パイプストーン一家の巣穴エリアにやって来た2頭が、実力行使でサンシャインを追い出したのだろうか。いずれにせよ、2015年春、ボウ渓谷を長きにわたって支配したパイプストーン一家の命は、ひっそりとついえた。

なぜパイプストーン一家は消滅したのか

パイプストーン一家消滅の背景にはさまざまな理由があった。高い順応力を誇ったオオカミ一家が「絶滅」した要因としては、繁殖ペアの老化と、渓谷の鉄道とハイウェイでの異常に高い死亡率、そして家族の社会的構造が人為的に破壊されたことなどが挙げられる（家族内の「世話役」の欠如が、絆を育み、遊びを通じて社会的能力を習得する機会を減少させた）。オオカミ家族の機能は、仲間の自発的協力、社会的絆、生態系に基づくなわばり行動の努力によって構築される。行動とは時間的、空間的な順応でもあるのだ。

ボウ渓谷で拡大していく観光業が、パイプストーン一家の寿命を縮めたことはまぎれもない事実だ（先住のボウ一家についても同じことが言える）。大げさに聞こえるかもしれないが、バンフが抱える問題の核心をついていると私は思う。オオカミがソーシャルメディアに登場する機会が増え、巣穴の情報が拡散され、公園には車と人が押し寄せた。

しかし、パイプストーン一家が生き延びることができなかった生物学的な理由を挙げるなら、繁殖ペアが年老いたこと、獲物である有蹄動物が激減したこと、そして人間の活動から受けたストレスということになる。

フェイスとスピリットは晩年、共通の問題に悩まされていた。2頭ともほとんど歯が残っていなかったのだ。私たちが知る限り、歯の問題がオオカミ一家の崩壊を招いた例はほかにない。フェイスとスピリットは、獲物をうまくくわえることができず、若いオオカミ

上段左:ジョンが最後に撮影したスピリットの写真のうちの1枚。2013年12月撮影。

上段右:2014年10月のフェイスの死がパイプストーン一家終焉の引き金となった。2010年12月撮影。

下段左:サンシャインはパイプストーン一家の生き残りとなった。最後にボウ渓谷で目撃されたのは2015年2月だった。

下段右:2013年11月、ユマは家族のもとを去った。

たちと狩猟の連携がうまくとれなくなっていた。大型の種を噛み殺すこともできない。歯がすっかり劣化してしまったか、完全に抜けてしまっていたのだ。狩りを代行していた1年子や従属メンバーが、鉄道やハイウェイで次々と命を落としてしまったあと、2頭は窮地に立たされた。

もちろん、獲物の不足も一家崩壊の大きな理由だった。そしてそれは、パークス・カナダの思惑によるものでもあった。アメリカアカシカの数を減らし、オオカミの数を減らそうと考えていたのだ。私たちはそんなやりかたにはとても賛成できない。観光客を積極的に呼び寄せる一方で、アメリカアカシカとオオカミの数を作為的に減らすという戦略が、はたして倫理的と言えるだろうか。オオカミにとって、亜高山帯や高山地形で野生のヒツジやヤギを追う危険を冒すことは、生き長らえるためとは言え、最善の策とは言えない。本来なら渓谷の谷底でアメリカアカシカを追っていればよいはずが、危険な山あいでヤギを追いかけなければならないのだ。そんな無理を重ねたせいで、フェイスとスピリットの体は急速に蝕まれ、子供たちに寄り添う時間も削られた。獲物が不足し、狩猟活動が困難をきわめた年、子オオカミは餓死した。

フェイスとスピリットが若かりし頃は、獲物が少ないことも、危険な狩りに出ることも、さほど大きな問題ではなかった。若ければ、捕食者と被食者の関係を優位に保つことができる。しかし若さを失えば、さまざまな問題を乗り切る能力も同時に失われる。数々の困難がパイプストーン一家を滅亡へと導いた。

1990年代半ばから後半にかけて、ボウ渓谷には1000頭ほどのア
メリカアカシカがおり、オオカミたちの寿命も長かった。たとえばカスケード一家の繁殖雄ストーニーと繁殖雌ベティが2000年に亡くなったとき、彼らはそれぞれ10歳と11歳だった。ボウ一家の繁殖雄アスターが2002年12月に自然死したのは11歳のときだった。つまり、獲物が豊富な場所では、オオカミ家族は質の高い生活を送ることができ、親オオカミの寿命も長くなるのだ。

パイプストーン一家と公園来訪者：
2009年から2014年

公園の野生動物管理者たちは、「順化したオオカミ」について議論を続けていた。しかし、パイプストーン一家に関して言えば、それは机上の空論に過ぎなかった。なぜなら管理者の面々は、公園来訪者（および彼らが連れたイエイヌ）に対する一家の反応について、具体的な知識を何ひとつ持ちあわせてはいなかったのだ。ボウ渓谷のオオカミたちがいかに「順化」しているかという話も飽きるほど聞かされた。だが、彼らは1度も行動調査を実施したことなどなかったのだ。

公園の保全関係者、法的機関、そして野生動物管理者たちとも、非公式の話し合いを何度か重ねたが、彼らはそもそも「潜在的に危険なオオカミ」の定義を間違えていた。たとえば「捕食行動」1つとっても、「人間への攻撃的行動」と直結させて考えている。ある公園警備隊員は、オオカミの「狩猟遊戯」を目撃したと言って騒いでいた。パークス・カナダの野生動物管理者たちは、車の近くにオ

ジョンが最後に撮ったパイプストーン一家の写真のうちの1枚。一家が凍ったボウ川を渡っている。サンシャインが先頭に立ち、フェイスとスピリット、3頭の子オオカミが続いている。2014年2月19日撮影。

オカミが現れたり、道路を使って移動したりするのは「不適切」であり、大胆な性格のオオカミが道路に出れば死亡件数が上昇すると主張した。しかし、彼らは「オオカミの順化」という独自の定義を振りかざすばかりで、「不適切」の意味を説明することはなかった。

オオカミに対する誤解が、いまだパークス・カナダにまん延しているとは驚きだった。1990年代始めの段階で、ボウ・ヴァレー・パークウェイにはオオカミが頻繁に姿を見せ、その一部が「オオカミの道」として知られていたのだ。7年前にピーター・デトリングとの共著書で詳しく述べたが、ボウ渓谷で行動観察したオオカミ一家の39％から59％が人工施設のすぐそばで暮らしていた。それでも、彼らが人間に対して攻撃的な態度をとったことは1度もなかった。

パイプストーン一家がボウ渓谷に足を踏み入れた日から、一家が終焉を迎えるまで、私たちはできる限り正確に情報を収集するよう努めてきた。オオカミたちの人間に対する反応についても、両者の距離が100メートル以上と100メートル未満の場合に分けて分析した。車から降りた人間（および彼らが連れたイエイヌ）に遭遇したときの挙動については、以下のような5つのシナリオに分類して行動を記録した。

- 攻撃：オオカミが捕食習性の姿勢をとりつつ、人間（イエイヌを連れている場合も含む）に接近する。低い姿勢でアイ・ストーキングをし、忍び寄り、追いかけ、噛みつき、とどめを刺すという一連の挙動を示す。いずれの挙動もすべて攻撃行動と見なす。

- 威嚇：オオカミが背の毛を逆立て、尾を立てつつ、起立姿勢で人間（イエイヌを連れている場合も含む）に接近、あるいは周回する。

- 虚勢：オオカミが人間（イエイヌを連れている場合も含む）を追い払おうと、威嚇的な態度を示しつつ、人間に向かっていく。動物が脅威を感じたときに支配権を示す戦略。

- 退去：オオカミが人間の存在に気づき、その場を去る。

- 許容：オオカミが人間の存在に気づいてもなお、その場に留まる。

ボウ・ヴァレー・パークウェイで車から降りた人間と遭遇したスピリット。彼はすぐに森の中へ消えてしまった。

表4.5　野生オオカミの人間に対する行動反応

オオカミの行動反応（計140回）	人間と遭遇（イヌ有）		人間と遭遇（イヌ無）		人間と遭遇（イヌ有）		人間と遭遇（イヌ無）		人間が接近（イヌ無）		人間が接近（イヌ無）	
距離	100メートル未満		100メートル未満		100メートル以上		100メートル以上		100メートル未満		100メートル以上	
タイプ（A・B）	A	B	A	B	A	B	A	B	A	B	A	B
攻撃	0	0	0	0	0	0	0	0	0	0	0	0
威嚇	0	0	0	0	0	0	0	0	0	0	0	0
虚勢	0	0	0	0	0	0	0	0	0	0	0	0
退去	4	5	13	9	3	1	5	2	11	10	15	22
許容	3	1	10	7	1	0	3	1	6	4	3	1
合計	7	6	23	16	4	1	8	3	17	14	18	23

　2009年から2013年まで、パイプストーン一家のオオカミと人間（イエイヌを連れている場合も含む）の遭遇を記録したのは140回だった。人間に追いかけられてやむなく逃走行動に出る場面もしょっちゅう目にしたが、そのようなケースはこのデータには含んでいない。

　表4.5は、タイプAとタイプBのオオカミ16頭が人間に遭遇したときと、人間がオオカミに接近したときの反応を観察し、両者の距離が100メートル以上と100メートル未満の場合に分けてまとめた

ものだ。「遭遇」では人間がイエイヌを連れている場合もカウントし、「接近」では人間のみの場合をカウントしている。

オオカミの行動分析

　オオカミが人間と遭遇した140回のうち、両者の距離が100メートル以上（150メートル未満）だったのは全体の74%で、残りの26%が100メートル未満であった。それでも表中の数字「0」が

示すとおり、人間に対する直接的な攻撃、威嚇、虚勢のいずれも、データを収集した5年間で1度も観察されなかった。また、「遭遇」では71%が退去、29%が許容という結果となった。大胆なタイプAのオオカミは66%の割合で退去し、34%で許容を示した。内気なタイプBのオオカミは「遭遇」の78%で退去し、許容を示したのは22%だった（タイプBのオオカミが100メートル未満の距離で人間に遭遇したとき、その場に留まったのはわずか7%だった）。

オオカミが後退し、回避行動や恐怖心を見せる傾向は、人間のほうから接近したときに最も顕著にあらわれた。イエイヌを伴わない人間が大胆なタイプAのオオカミに接近する場面を35回観察したが、そのうちオオカミが退去したのは74%だった。人間が内気なタイプBのオオカミに接近したのは37回で、オオカミがその状況を許容し、その場に留まったのは5回だけだった。

基本的性格の別にかかわらず、パイプストーン一家のオオカミたちが人間（イエイヌを連れている場合も含む）に対して、順化行動（臆せず人間に接近する）や摂食条件行動（臆せず食べ物を乞う）をとったことは1度もなかった。

特筆に値するのは、パイプストーン一家のオオカミたちがみな、バンフ国立公園で暮らすほかのオオカミたちよりも公園の来訪者と遭遇する機会が多かったにもかかわらず、人間に対する危険挙動や攻撃挙動、捕食挙動を見せたことがなかったことだ。また、人間（イエイヌを連れている場合も含む）にある程度の許容や関心を示したオオカミも、遭遇で許容を示した40回すべてにおいて回避行動や恐怖心を示した。

オオカミと人間の遭遇を実地で観察した結果をまとめると、公園の職員がこれまで作り上げようとしてきた「インフラに順応したオオカミ＝人間に危険を及ぼす可能性のあるオオカミ」という図式の矛盾が浮き彫りとなる。彼らの定義と仮説には何の根拠もない。「攻撃的」で「危険」なのはむしろ人間のほうだ。公園に押し寄せる人の波とソーシャルメディアの渦に呑まれ、見物人に追い回されるオオカミこそが、人間の愚行から守られるべき存在なのだ。

前述のとおり、ボウ・ヴァレー・パークウェイからわずか200メートルしか離れていないパイプストーン一家の巣穴エリアは、2015年4月、新しいオオカミ一家に引き継がれた。新しい家族も、ボウ一家やパイプストーン一家のように、巣穴付近の道路を毎日のように移動しながら子育てをしていくのだろう。パイプストーン一家は人間の手により、本来の行動パターンと挙動を奪われた。そんな過ちが2度と起きぬよう、新しい「オオカミ愛好家」世代に私たちの願いを託したい。

ボウ・ヴァレー・パークウェイで接近する車と遭遇するブリザード。2011年12月撮影。

ボウ渓谷の
オオカミたちの行く末は?
彼らはカナダの国立公園という
「野生動物のゲットー」で
永遠に生き続けるのだろうか。

ボウ渓谷のオオカミたちに、はたして未来はあるのだろうか——
その問いに私は「もちろん」と答える。
オオカミはこの渓谷で、これからもずっと生き続けるだろう。
ボウ渓谷は彼らにとって、
カナディアン・ロッキーにおけるかけがえのない移動経路なのだから。
しかし、単独で行動するオオカミや家族を形成するオオカミたちは、
渓谷でこの先どのくらい長く生き、
また、どれほどの生活水準を保つことができるのだろう。
正直、彼らが直面する食糧難と社会的混乱が改善されない限り、
長期的な生存は難しいと予想される。

5 オオカミたちの行く末

事態が好転しない限り、渓谷にアメリカアカシカを再導入しなければならない日がきっとやって来る。今後5年間は生息数の推移を見守っていくほかない。ボウ・ヴァレー・パークウェイではすでに、アメリカアカシカの雌をほとんど見かけなくなっている。

オオカミたちの現状

本書執筆中の2016年3月始め、パイプストーン一家やボウ一家と同じ移動システムを用いて、ジョンが「バンフタウン一家」と命名した新しいオオカミ一家がボウ渓谷になわばりを確立していた。一家を率いるのは淡いグレーの繁殖雌で、過去にクートネイで観察を行ったことのあるジョンは、クートネイ国立公園からやって来たオオカミだろうと推測していた。とは言え、DNA鑑定をしない限り、その真偽はわからなかった。

この新しいオオカミ家族の始まりも、ごく平凡なものだった。生殖能力のある雌（クートネイ）が生殖能力のある雄（ラスティ）と出会い、一夫一婦の生活をスタートさせたのだ。新しいつがいは2015年の始め、ボウ一家とパイプストーン一家の生活拠点だったなわばりの中心地で子をもうけた。同年8月に地元カメラマンが、グレーの子供2頭と黒い子供1頭を目撃している。夏の終わりから秋にかけて、一家はフェアモント・バンフ・スプリングス・ホテルのゴルフコースに出没したり、バンフの町のはずれでアメリカアカシカやオジロジカなどを狩ったりしていた。一家のなわばりは、バンフからレイク・ルイーズまでのボウ渓谷の大半から、パイプストーン一家が手を出さなかった町を縁どる渓谷にまで及んでいた。

2015年の冬の始め、バンフタウン一家は、人間の日常とインフラ活動のリズムにうまく順応していた。繁殖雄のラスティと唯一の息子だった黒い子オオカミが人間に追われ、無線付き首輪を付けられたのもその頃だった。2頭を追跡したのは、アルバータ北部で何百頭ものオオカミの殺戮に参加したヘリコプターのクルーだった。

そんな中、うれしい知らせもあった。バンフタウン一家のおとなと子供の間で、活発な遊戯行動が観察されたのだ。これがオオカミの未来をつなぐ良い兆候であってほしい。イヌ科動物専門家のメティルト・カウファーは著書の中で、「遊戯行動は動物の成長過程において、ストレスと変化に対する攻撃行動、性行動、母性行動、行動反応、ホルモン反応、神経化学的反応を決定付けるものだ」と語っている。(注9)

2003年のフェアホルム一家、そして2013年から2014年のパイプストーン一家の社会構造の崩壊を見ればわかるように、一家に遊戯行動が欠如すると、社交性や行動の柔軟性の発達に障害が生じ、生活条件のめまぐるしい変化に順応することができなくなる。公園管理局は新聞のインタビュー記事やラジオなどで、「バンフのオオカミは幸せに暮らしている」と繰り返すが、実際に直接観察を行い、遊戯行動についての情報を収集しない限り、オオカミたちの暮らしぶりを判断することはできないのだ。

私たちは、過去の過ちがこれ以上繰り返されないことを切に願っている。新しいオオカミ一家がアメリカアカシカを狩り、自然とその数を減らようになると、パークス・カナダもようやく間引きプロ

注9）カウファー『イヌ科動物の遊戯行動』、カミール・ワード、エリカ・B・バウアー、バーバラ・B・スマッツ『動物の行動』76, no.4（2008年）：1191「イエイヌ［学名：Canis lupus familiaris］の同腹子の社会的遊戯におけるパートナー選びの傾向と偏り」

ラスティ（左）とクートネイ（右）。彼らが率いる「バンフタウン一家」がボウ渓谷のなわばりに定着した。

バンフのダウンタウンに訪れる朝の「静けさ」。

グラムの中止を示唆しはじめた。プログラムが最終的に廃止されれば、バンフタウン一家による捕食の程度にかかわらず、公園の有蹄動物の生息数は回復へと向かうだろう。オオカミも十分な獲物を確保できるようになり、長期的な生存のための道が開けるはずだ。公園のアメリカアカシカは移送すべき「害獣」などではない。「害」となっているのはむしろ、人間のほうだ。

新しいオオカミ一家の食糧となるアメリカアカシカは、短絡的な間引きプログラムや道路と鉄道での事故により、今後も減少傾向をたどると予想される。そして、その罪を着せられるのは「アカシカの捕食者」である渓谷のオオカミたちだ。

バンフ国立公園の商業化

カナダ随一の国立公園では、生態系の健全性と巨大な観光業の両立という急務の課題を前に、いまだ解決のための糸口もつかめずにいる。パークス・カナダはボウ・ヴァレー・パークウェイの整備を敢行し、公園来訪者の道路使用をますます増大させた。トランス・カナダ・ハイウェイにはボウ・ヴァレー・パークウェイの太陽光発電式案内板を立て、ハイウェイの両入り口には案内所を設置して、わざわざオオカミ見学を宣伝している。

私たちが活動を続けるモチベーションとなったのは、地元の人々とのすばらしい語らいだった。公園警備隊員を引退した人物もおり、その優れた洞察力から、ボウ渓谷の現状を嘆く私たちに共感してくれた。元警備隊員が語ることばには重みがあった。

観光業の拡大は、オオカミやクマをはじめ、すべての野生動物種の生存に多大な影響を及ぼす。与えられた選択肢は、野生動物の保護に100%の力を注ぐか、その力を商業に傾けるか2つに1つだ。2つのバランスをとるための議論など存在しない。両者は互いに相いれない関係にあり、事実、バンフでもその両立は実現を見ていないのだ。

還らざる自然

パークス・カナダは、公園の開発と気候変動との関連性にも無関心を貫いている。ボウ渓谷はいまや商業に支配された地となっているが、彼らはエルニーニョ現象などの気候変動が渓谷にもたらす影響にも無頓着だ。2016年2月、パークス・カナダがレイク・ルイーズスキー場を2倍に拡大しようとしていることが明らかになった。ヒグマの生息地として知られるエリアだが、スキー場にぴったりだということらしい。

そろそろ目を覚まさねばなるまい。延々と続く厳しい冬の時代に別れを告げるのだ。パークス・カナダが意識を向けるべきは、観光イベントの計画や降雪機の設置場所ではなく、環境保護の観点に立った公園の資源の正しい管理方法だ。はたして国立公園にスキー場は3つも必要だろうか。それよりも、公園で暮らす野生動物たちのために、生息域の確保を優先すべきではないだろうか。

消えゆく氷河や枯れ果てた川床……。景観は刻々と変わりゆく。それでもバンフの管理計画は、巨大な観光業を主軸として進められ

注10 ダニエル・カッツ「パークス・カナダは記録的な来訪者数に対応するための手段を模索している」Bow Valley Crag & Canyon 117, No.7（2006年2月17日）:11.

る。ポプラの植樹計画も、単に150年前の景観に近づけるための提案であり、気候変動に対応するためにとられた措置ではない。公園には毎年、何百万台もの車が乗り入れられる。しかし、排ガスによる汚染レベルに目を向ける者はいない。

私たちにできること

巨大化する観光業にどう対処すべきか——この問題についての議論は10年も続いているが、現実的な解決法はいまだ見つかっていない。ダニエル・カッツ記者は2016年、地元紙「Bow Valley Grag & Canyon」で次のように語っている。「第18回バンフ国立公園計画年次フォーラムでパークス・カナダが発表した数字によると、2015年から2016年のバンフ国立公園の来訪者は前年より7.4％増加する見通しだ」[注10]。しかしバンフの人間は、野生動物の暮らしを尊重するところか、記録的に増加する公園来訪者にどう対応すべきか、その答えも見出せずにいる。

私たちはもう何年も堂々巡りから抜け出せずにいる。これ以上「調査」のための「調査」ばかり重ねても意味がないだろう（「バンフ国立公園イヌ科動物生態学研究」の初版が1990年に発行されたが、環境保護に関する提案はほとんど実践されていない）。今、私たちに求められているのは、彼らのすみかに立ち入り観察を行う際の、明確なガイダンスの確立だ。

ここに、私たちが提案する9つのルールを挙げておこう。

1. ボウ・ヴァレー・パークウェイの夜間通行止めの年間計画を立てる。いかなる例外も許可しない。

2. ボウ・ヴァレー・パークウェイ及びその他の動物生息エリアで、徹底した交通規制を実施する。

3. 公園への車両の乗り入れには相乗りを推奨し、デナリ国立公園が実践する野生動物観察モデルを参考にバス運行システムへの移行を目指す。

4. 動物の行動を適切に解説した野生動物観察の手引きを作成し、公園のすべての入り口で来訪者に配布する。たとえば、動物を観察する際は車内に留まる、道路脇に車を停める、エンジンを切る、動物を決して追いかけず、いかなる動物とも50メートル以上の距離をとるなどのルールを明記する。

5. 野生動物専用通路や立ち入り禁止エリア設置の意義、動物への配慮の必要性など、動物の行動に関する公園来訪者向け教育プログラムを立ち上げる。

6. ファイブ・マイル・ブリッジからレイク・ルイーズまでのボウ・ヴァレー・パークウェイに減速帯を設ける（数キロメートルごと）。

ボウ・ヴァレー・パークウェイを散歩するリリアン。すぐそばにパークス・カナダのSUVと一般車両が見える。

優先されるべきは人間の要求ではなく、公園における野生動物の生息スペースの確保である。

ボウ一家のデリンダや、パイプストーン一家のフェイスなど、ボウ渓谷には家族のために毅然と意思決定を下す社交的でたくましい雌たちの姿があった。バンフタウン一家を率いるクートネイ（写真：2015年11月撮影）も、バンフの町から1キロメートルも離れていないカナダ太平洋鉄道の線路沿いを移動していた（後方がラスティ）。

7. 明確な罰金制度とチケットシステムを構築し、実践する。

8. 年次報告システムの透明化を目指し、鉄道における大型肉食動物と有蹄動物の事故死件数を公表する。

9. トランス・カナダ・ハイウェイ、ボウ・ヴァレー・パークウェイ全域、ハイウェイ93号南北線にレーダー制御システムを導入する。

最後に

　私たちの批判的な意見に腹を立てる人もいるだろう。しかし、私たちはいつも客観的に物事をとらえているつもりだ。ここで述べたことはすべて、個人攻撃を目的としたものではない。パークス・カナダに対して批判的な発言を繰り返したのは、バンフの野生動物たちにかかる日々のストレスを偽りなく伝えたかったからだ。

　カリンとジョンと私も、ほかの者たちと同様、オオカミの存在を宣伝し、彼らに負担をかけているとの見方もあるだろう。しかしそれは誤解だ。フィールドワークはあくまで観察のための作業であり、オオカミの暮らしを守るために必要不可欠なものだった。私たちは、ボウ渓谷の生態系の健全性が無残にも崩れていくのをただ傍観していることができなかった。ジョンもそうだ。彼のすばらしい写真に興味をひかれ、この本を手に取ってくれた人も多いだろう。私たちは生半可な気持ちで観察に取り組んできたわけではない。心と魂と

蓄えのほとんどをフィールドワークに注いできたのだ。

　本書で語ったことばによって、もしも誰かの気分を害したのなら謝りたい。私は率直な物言いしかできないドイツ人だ。外向的なタイプAだが、政治的手腕に長けているとは言いがたい。しかし、カリンとジョンの声も合わせて、何とかバンフで苦渋の日々を強いられる野生動物たちの代弁者になれないかと考えた。少なくともそれが、渓谷に生きたスピリット、フェイス、そして彼らの息子と娘たちのために、私たちにできるせめてもの仕事だと思うのだ。

バンフの野生動物たちは困難な暮らしを強いられ、ハイウェイや鉄道では常に事故の危険にさらされている。

エピローグ

　かつてバンフとその周辺エリアに広く分布していたオオカミは、1914年までにジャスパー国立公園南のカナディアン・ロッキーからほぼ姿を消した。そして1930年代の後半、オオカミたちはバンフ国立公園を含むカナディアン・ロッキー周辺エリアへ移住すると、その後もさらに分布を広げ、完全復活を遂げる。しかし、1950年代に肉食性動物駆除プログラムが発足し、オオカミもその犠牲となった。1960年代にオオカミの頭数管理がひと段落すると、オオカミたちはブリティッシュコロンビア州南部とアルバータ州の奥地を開拓したが、そこでも排除の憂き目に遭う。1970年代半ばから後半にかけては、バンフ国立公園で単独行動するオオカミの目撃情報が相次ぎ、1985年には同公園南部で、群れを成して行動するオオカミの姿が確認された。

　1992年、私はバンフ国立公園で新たに確立されたオオカミ群の生態と行動の調査にあたっていた。40年という長いブランクを経て、オオカミたちは見事ボウ渓谷への生還を果たしたのだ。彼らはこの渓谷で、おそらく何千年も前から自由にさまよい歩いていたはずだ。しかし、公園での過去の暮らしぶりを考えると、彼らの行く末は危ぶまれた。私たちはこんな課題に直面した——公園の管理者がオオカミを保護し、その生存を保障するために、私たちはオオカミたちの何を知るべきだろう。

　表面上は保護されているように見えるだろうが、バンフの野生動物たちは非常に困難な暮らしを強いられている。ハイウェイや鉄道では事故に遭遇する危険にさらされ、ホテルやスキー場、ゴルフコースの建設によりなわばりを追われる日々……。彼らの日常と生存は、高まり続ける人間の要求に脅かされているのだ。公園の管理方針も、自然環境の保全は後回しだ。野生動物の暮らしと相いれない人間活動を優先するために、環境保護のための規制も反故にされるのが常だった。

　1880年代から人間の迷惑行為による圧力を受け続けてきたオオカミにとって、今回が3度目の復活だった。20世紀には2度にわたり、公園の長期的駆除プログラムの犠牲となっている。獲物であるアメリカアカシカ、オジロジカ、ヘラジカなどをめぐる人間との攻防も原因の1つだった。公園警備隊は絶滅の危機が高まるオオカミを守ろうとしたが、その努力もむなしく、1990年代になってもこの危機的状況が改善されることはなかった。

　ある日、バンフ国立公園を走るハイウェイ1A号線付近の草原で、オオカミを追跡していたときのこと。50メートルほど先に、巨大なイエイヌが微動だにせず立っているのが目に入った。最初はイヌだけしか見えなかったが、藪の向こうに連れの人間が隠れていた。両者はまるで銅像のように動かない。20メートルほど先にいるコヨーテを熱心に観察している。彼らは頻繁に視線を合わせながら、観察対象について「ことば」を交わし、情報交換しているように見

えた。私はモニトバ州の亜寒帯の森林で15年間、イヌ科動物の生態と行動の解説者である3頭のイヌとともに、コヨーテとオオカミの研究を行っていた。そんな経験から、私はいつの間にか、彼らの静かな会話に心を重ねていた。見知らぬ人とイヌがことばを交わす姿——まるで、野生イヌ科動物の観察という最愛の作業に没頭する自分自身を見ているようだった。イヌが私の姿をとらえ、ゆったりとした足どりで親しげに近づいてきた。笑みを浮かべて尾を振っている。彼は私をエスコートして草原を渡り、「同僚」を紹介してくれた。まさかそれが、著名なイヌ科動物行動学者のギュンター・ブロッホだったとは。ギュンターはあらためて彼の相棒「チヌーク」を紹介してくれた。ハンサムなシベリアン・ライカだ。彼らはどこへ行くのも一緒だった。

この予期せぬ出会いから友情が芽生え、私たちはその後、野生オオカミの行動と生態への情熱で結ばれた永遠の絆を育むことになる。出会いから数年間で、ギュンターは私の目と、精神と、心を開かせてくれた。

オオカミをはじめとする野生種の保存を優先するためには、従来の独善的なやり方は排除すべきだと、ギュンターは訴え続けた。ギュンターが求めていたのは「野生動物の管理」ではなく、「野生動物のための管理」だった。それまでまかり通ってきた通念に真っ向から挑んだのだ。野生動物の保護と管理は、人間の利益のためでなく、野生動物と人間のためのものでなければならなかった。

ギュンターは、オーストラリアの著名な動物行動学者、コンラート・ローレンツが確立した動物行動学の伝統を継承している。彼は

また、私の師でありローレンツの最後の弟子であるスウェーデンのオオカミ研究家、エリック・ツィーメンの影響を多大に受けている。ギュンターのオオカミ保護への姿勢は、動物の行動に対する配慮や保護への理解に欠ける北アメリカの野生動物生態研究に対抗するものだ。北米における研究は、種の生息数を持続させるための情報提供を目的とし、その存続性は個体数のみにより判断される。

しかし、人間による慢性的な圧力からオオカミを守ることを目的とするならば、そのようなアプローチはあまりにも短絡的で、誤解の種をまく恐れがあるとギュンターは指摘する。オオカミという生物とその生態のメカニズムを理解し、最終的に保存と管理に応用するためには、自然な環境で彼らの行動を観察することが必須だ。科学は現状を打開する基盤となり得るが、それだけでは私たちが望むような研究は実現しない。

ギュンターいわく、科学は経験的事実を明快に説明し、倫理は価値観を明快に説明する。科学と倫理が融合すれば、動物保護のよりよい方針が確立され、倫理的議論が野生種保護の基盤を作る。また、動物の本質的価値とその保護という観点に立てば、オオカミの保護もまた、単なる頭数管理や生態学的過程への配慮を超えたものになるはずだ。道徳的、文化的、政治的価値観は、管理方針に最大の影響を及ぼす。価値観を正さない限り、オオカミの保護と管理のあり方をめぐる迷宮から抜け出せず、私たちは野生の世界に不利益を与え続けてしまうのだ。

——ポール・パケット

パイプストーン一家の3頭がストーム・マウンテンに近いハイウェイ93号南線を横断している。

巻末資料A パイプストーン一家の頭数の推移

下のグラフは、2009年10月から2014年10月までのパイプストーン一家における頭数の推移を示すものである。

グラフA.1
パイプストーン一家における成獣頭数の推移：
2009年10月から2014年10月

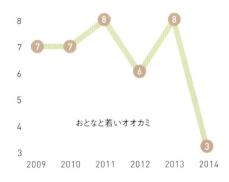

おとなと若いオオカミ

グラフA.2
パイプストーン一家における幼獣頭数の推移：
2009年10月から2014年10月

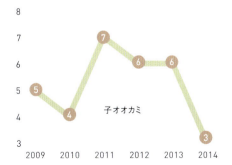

子オオカミ

巻末資料B パイプストーン一家の性別・年齢と性格タイプ

次の6つの表は、パイプストーン一家のおとなと子供の性別と年齢、性格タイプを示すものである。

表B.1 パイプストーン一家の性別・年齢と性格タイプ：2009年

スピリット	繁殖雄	推定4才		慎重なタイプB
フェイス	繁殖雌	推定3才	大胆なタイプA	
チェルシー	1年子雄	推定1才	大胆なタイプA	
ローグ	1年子雄	推定1才		慎重なタイプB
スコーキー	幼獣雄	2009年4月誕生		慎重なタイプB
ブリザード	幼獣雌	2009年4月誕生	大胆なタイプA	
レイヴン	幼獣雌	2009年4月誕生		慎重なタイプB
合計			**大胆なタイプA　3頭**	**慎重なタイプB　4頭**

表B.2 パイプストーン一家の性別・年齢と性格タイプ：2010年

スピリット		推定5才		
フェイス		推定4才		
スコーキー	1年子	2009年4月誕生		
ブリザード	1年子	2009年4月誕生		
チェスター	幼獣雄	2010年4月誕生	大胆なタイプA	
メドウ	幼獣雌	2010年4月誕生		慎重なタイプB
リリアン	幼獣雌	2010年4月誕生	大胆なタイプA	
合計			**大胆なタイプA　2頭**	**慎重なタイプB　1頭**

表B.3 パイプストーン一家の性別・年齢と性格タイプ：2011年

スピリット		推定6才		
フェイス		推定5才		
ブリザード	成獣雌	2009年4月誕生		
チェスター	1年子雄	2010年4月誕生		
ディンゴ	幼獣雄	2011年4月誕生		慎重なタイプB
ユマ	幼獣雌	2009年4月誕生	大胆なタイプA	
レイヴン	幼獣雌	2009年4月誕生		慎重なタイプB
合計			**大胆なタイプA　3頭**	**慎重なタイプB　4頭**

表B.4　パイプストーン一家の性別・年齢と性格タイプ：2012年

スピリット		推定7才		
フェイス		推定6才		
ユマ	1年子雌	2011年4月誕生		
G.B.	幼獣雄	2012年4月誕生	大胆なタイプA	
トリックスター	幼獣雄	2012年4月誕生		慎重なタイプB
サンシャイン	幼獣雌	2012年4月誕生	大胆なタイプA	
合計			大胆なタイプA　2頭	慎重なタイプB　1頭

表B.5　パイプストーン一家の性別・年齢と性格タイプ：2013年

スピリット		推定8才		
フェイス		推定7才		
ユマ	成獣雌	2011年4月誕生		
トリックスター	1年子雄	2012年4月誕生		
サンシャイン	1年子雌	2012年4月誕生		
タイラー	幼獣雄	2013年4月誕生		慎重なタイプB
エレイン	幼獣雌	2013年4月誕生	大胆なタイプA	
ケイラ	幼獣雌	2013年4月誕生		慎重なタイプB
合計			大胆なタイプA　1頭	慎重なタイプB　2頭

表B.6　パイプストーン一家の性別・年齢と性格タイプ：2014年

スピリット		推定9才		慎重なタイプB
フェイス		およそ8才	大胆なタイプA	
サンシャイン	成獣雌	2012年4月誕生	大胆なタイプA	
合計			大胆なタイプA　2頭	慎重なタイプB　1頭

巻末資料C　パイプストーン一家の親子間組織支配システム

オオカミはボディランゲージを用いてコミュニケーションを図る。野生オオカミ社会に見られる能動的な示威行動でも、ボディランゲージは重要な役割を担う。組織を支配する親オオカミは、水平から直立に保持した尾やマーキング行動で自信をあらわし、従属的な地位にある個体は、友好的な態度や行動で服従を示す。排尿行動にもそれが顕著にあらわれる。ただし、支配行動だけでなく「なだめ行動」にも、友好的な雰囲気を作りだし、社会的距離感を適切に保つはたらきがあることを忘れてはならない。子オオカミの能動的服従のジェスチャーや姿勢は、成長過程における餌乞い行動から自然と発達するようだ。餌乞い行動と能動的服従行為の区別は難しい。積極的に食べ物を求めたり、服従行動をとったりするとき、子オオカミは尾を振り、耳を平らに倒し、おとなのオオカミに接近しては口の端をなめる。しかし、序列下位のオオカミが受動的服従を示すときは、地面に横向きに寝転がり、上位のオオカミがその体や生殖器周りのにおいをかぐことが多い。

直接観察の結果、パイプストーン一家のメンバーが親オオカミのスピリットとフェイスに見せる能動的服従行動は、性別ではなく年齢に関係していることがわかった。従来の観察で見られたような「アルファ雄」に対する繁殖雌の能動的あるいは受動的服従行動は、私たちが行った観察ではほとんど確認できなかった。そのような「典型的行為」が例外的に見られたのは、繁殖雌が繁殖雄より3才から4才以上年齢が低い場合のみだった。

時間や空間により条件付けされるジェスチャーのほか、マーキング行動も組織支配のボディランゲージとして重要なはたらきを担っていた。スピリットとフェイスには、マーキング、オーバーマーキング、地面をかくなどの行動が見られた。従属的地位にある個体が排尿をするときは、雄は脚を曲げた姿勢、雌は生殖器部を地面に近づけてしゃがみ込む姿勢をとる。パイプストーン一家の1年子と幼獣もみな、雄は起立し、雌はしゃがんで排尿をしていた。

パイプストーン一家では、家族構成がスピリットとフェイスと幼獣の場合、そこに1年子が加わった場合、あるいはさらに成獣が加わった場合でも、メンバーの能動的または受動的服従のベクトルは、常に親オオカミであるスピリットとフェイスに向けられていた。

次の4つの表（社会性マトリクス）は、2010年1月1日から2013年12月31日まで、下位のオオカミが親オオカミや上位メンバーの社会的地位を受け入れ、

低い姿勢を保つなどの能動的服従行動を示した回数をまとめたものである。ただし、いずれの表にも生後4カ月以下の幼獣は含まない。

表C.1 パイプストーン一家の支配と服従：2010年

支配／服従	スピリット	フェイス	ブリザード	スコーキー	チェスター	メドウ	リリアン
スピリット（父、4才）	-	0	0	0	0	0	0
フェイス（母、3才）	0	-	0	0	0	0	0
ブリザード（成獣雌、1才）	68	92	-	18	0	0	0
スコーキー（成獣雄、1才）	55	39	0	-	0	0	0
チェスター（幼獣雄、6カ月）	99	77	42	35	-	2	0
メドウ（幼獣雌、6カ月）	66	92	61	41	33	-	5
リリアン（幼獣雌、6カ月）	102	138	99	59	22	6	-
合計（全体＝1251回）	390	438	202	153	55	8	5

表C.2 パイプストーン一家の支配と服従：2011年

支配／服従	スピリット	フェイス	ブリザード	ディンゴ	ユマ	ジェニー	キミ
スピリット	-	0	0	0	0	0	0
フェイス	0	-	0	0	0	0	0
ブリザード	33	112	-	0	0	0	0
ディンゴ（幼獣雄、6カ月）	111	87	59	-	3	0	0
ユマ（幼獣雄、6カ月）	99	104	88	0	-	0	0
ジェニー（幼獣雄、6カ月）	94	130	77	16	21	-	0
キミ（幼獣雄、6カ月）	107	144	99	78	31	24	-
合計（全体＝1520回）	444	577	323	94	55	27	0

表C.3 パイプストーン一家の支配と服従：2012年

支配／服従	スピリット	フェイス	チェスター	ユマ	G.B.	トリックスター	サンシャイン
スピリット	-	0	0	0	0	0	0
フェイス	0	-	0	0	0	0	0
チェスター	88	79	-	22	0	0	0
ユマ	93	166	18	-	0	0	0
G.B.（幼獣雄、6カ月）	133	99	56	49	-	3	0
トリックスター（幼獣雄、6カ月）	102	138	99	59	22	-	0
サンシャイン（幼獣雌、6カ月）	91	144	53	66	12	11	-
合計（全体＝1468回）	507	579	178	176	14	14	0

表C.4 パイプストーン一家の支配と服従：2013年

支配／服従	スピリット	フェイス	ユマ	サンシャイン	タイラー	エレイン	ケイラ
スピリット	-	0	0	0	0	0	0
フェイス	0	-	0	0	0	0	0
ユマ	77	132	-	0	0	0	0
サンシャイン	99	141	49	-	1	0	0
タイラー（幼獣雄、6カ月）	111	98	54	39	-	0	0
エレイン（幼獣雌、6カ月）	101	117	89	44	22	-	0
ケイラ（幼獣雌、6カ月）	119	133	91	50	29	12	-
合計（全体＝1608回）	507	621	283	133	52	12	0

巻末資料D パイプストーン一家の リーダーシップ行動

　ボウ渓谷にやって来た当初から、一家のリーダーシップはフェイスがとることが多かった。その後、スピリットが老いるにしたがい、家族の意思決定のほとんどを彼女が一手に引き受けるようになった。その様子を目の当たりにした私たちは、野生オオカミの「リーダーシップ行動」というテーマに没頭することになる。従来の「アルファ雄」の概念は、パイプストーン一家に当てはまらなかったのだ。

　私たちは複数のオオカミ家族を対象に長期的な直接観察を行った。その舞台はなわばりの内外に及び、季節や地形、雪の状況や道路や鉄道の交通状況など、条件も多岐にわたった。リーダーシップ行動には高い柔軟性と可変性が見られたが、危険な状況下で重要な意思決定を下さねばならないとき、一家の先頭に立つのはいつもスピリットだった。ただし、なわばりの中心地で活動するときは、誰が先頭に立とうと頓着ないようだった。繁殖、食糧供給、危険回避にかかわる状況では、スピリットとフェイスが先頭に立って意思決定を行い、狩猟目的以外でなわばり内を移動するときは、子オオカミが先頭に立つことも

あった。

　なわばり内の分岐点やなわばりの境界に行き当たると、先頭に立つ子オオカミが立ち止まり、親オオカミを振り返る。すると、その視線を受け止めたスピリットかフェイスが、前に出て進路を決定する。子オオカミが親オオカミのどちらかに視線で意思を確認したあと、引き続き先頭に立ち続けることもあった。つまり、スピリットとフェイスが必ずしも先頭に立ち、家族をリードする必要はなかったのだ。実地調査を行うダグラス・スミスら研究者は、このようなケースを「非前線リーダーシップ」「中枢性リーダーシップ」など、新しい動物行動学用語であらわしている。

　サッカーなどのスポーツでは、中盤の選手が仲間の動きをコントロールする。野生オオカミの世界では、行動の動機により家族のリーダーシップが変化する。巣穴形成地に戻るときは、フェイスが先頭に立って家族の安全に気を配り、スピリットを含むほかのメンバーはみなそれに従った。一方、スピリットは危機的状況（未知のエリアへ足を踏み入れるときや、交通の激しい道路や線路を横断するとき、危険な敵や捕食者に遭遇したときなど）で先頭に立った。

　狩猟では、スピリットとフェイスがリーダーシップを分担していた。獲物を仕留めるときには迷いがなく、2頭の息はぴったりだった。子オオカミと1年子は、親オオカミの行動に従うよう強要されるわけではなく、自ら狩りの経験を積んでいた。とは言え、生後8カ月未満の幼いオオカミが親オオカミの先導なしに獲物を追いかけても、狩りに成功する確率はきわめて低かった。しかし、スピリットとフェイスの援護を得て、おとなのメンバーがリーダーシップをとったときは、狩りの成功率は格段に上がった。また、大型の獲物を仕留めれば、誰の手柄かに関係なく、すべてのメンバーがほぼ同時に食事にありついた。食事の順番に序列があらわれることはほとんどなかった。

　次の3つの表は、パイプストーン一家が移動する際、100メートル以上にわたって先頭に立った個体と、その頻度をまとめたものである。2009年11月から2013年11月に観察した道路の横断、ボウ・ヴァレー・パークウェイやカナ

ダ太平洋鉄道の線路沿いの移動、ハイウェイ下通路やなわばり外の移動などを対象とし、狩猟を目的とした移動は除外している。また、生後4カ月未満の子供は表に含まない。

表D.1　パイプストーン一家のリーダーシップ行動：2009年から2010年

リーダーシップ	スピリット（%）	フェイス（%）	チェスリー（%）	スコーキー（%）	ブリザード（%）	レイヴン（%）
2009年（計28回）	10（36%）	8（29%）	5（18%）	2（7%）	3（10%）	0
2010年（計700回）	279（40%）	299（42%）	0	11（2%）	109（15%）	2（0.3%）
合計（計728回）	289	307	5	13	112	2

表D.2　パイプストーン一家のリーダーシップ行動：2011年から2012年

リーダーシップ	スピリット（%）	フェイス（%）	ブリザード（%）	ユマ（%）	ディンゴ（%）	ジェニー（%）
2011年（計660回）	233（35%）	244（37%）	118（18%）	52（8%）	13（2%）	–
2012年（計706回）	255（36%）	259（37%）	–	122（17%）	55（8%）	15（2%）
合計（計1366回）	488	503	118	174	68	15

表D.3　パイプストーン一家のリーダーシップ行動：2013年

リーダーシップ	スピリット（%）	フェイス（%）	ユマ（%）	ディンゴ（%）	トリックスター（%）	エイレン（%）
2013年（計548回）	89（16%）	374（68%）	66（11%）	14（3%）	4（1%）	1（0.2%）

巻末資料E　パイプストーン一家の年齢・性格別死亡件数

　生態学や動物行動学では、「大胆なモデル」「慎重なモデル」という用語が頻繁に用いられるが、それぞれ「外向的性格タイプA」「内向的性格タイプB」と言い変えるべきだろう。ボウ渓谷で実施した長期的行動観察では、こうした基本的性格の違いが野生オオカミにも見てとれた。私たちは、未知の状況や物体に対して自発的な探索反応を示す外向的な個体を「タイプA」、受動的で控えめな行動反応を示す内向的な個体を「タイプB」とした。

野生動物管理者の中には、慎重で控えめな内向的なオオカミよりも、道路や線路沿いを平然と行く大胆で外向的なオオカミのほうが、車や列車の事故に遭う可能性が高いと考えている者もいる。しかし、私たちの観察結果はその逆の傾向を示していた。

　次の表は、2009年から2013年にハイウェイや鉄道で事故死したパイプストーン一家のオオカミを性格タイプ別にまとめたものだ。ただし、生後5カ月未満の子供は含まない。

　2009年から2013年にかけて、パイプストーン一家の16頭のオオカミがハイウェイと線路で命を落とした。うち5頭が大胆な性格タイプAで、残りの11頭は慎重な性格タイプBだった。つまり、3分の1がタイプAで、3分の2がタイプBだったのだ。タイプAのオオカミは、その大胆な性格ゆえ、公園の来訪者やドライバーの目につきやすい。反対にタイプBのオオカミは、タイプAより人目を避ける傾向が強く、前触れなく道路に飛び出してしまうことも多かった。タイプAのオオカミが道路の真ん中に堂々と佇んでいれば、ドライバーもその存在に気づき、走行速度を落とすのだ。

表E.1　パイプストーン一家の性格タイプ別事故死件数：2009年から2013年

事故死件数	2009年	2010年	2011年	2012年	2013年
タイプAの成獣	0	0	1	1	
タイプBの成獣	0	0			
タイプAの1年子	0	0			1
タイプBの1年子	0	1	1	3	2
タイプAの幼獣	0	0		1	1
タイプBの幼獣	0	2	1	1	
合計（A+B）	0	タイプB 3頭	タイプA 1頭+タイプB 2頭	タイプA 2頭+タイプB 4頭	タイプA 2頭+タイプB 2頭

参考文献

- Bekoff, Marc. "The Development of Social Interaction, Play, and Metacommunication in Mammals: An Ethological Perspective." *Quarterly Review of Biology*, no. 47 (1972):412-434.

- ———."Social Play Behaviour: Cooperation, Fairness, Trust, and the Evolution of Morality." *Journal of Consciousness Studies* 8, no. 2 (2001): 81-90. http://www.imprint.co.uk/pdf/81-90.pdf.

- Bekoff, Marc, and Jessica Pierce. *Wild Justice: The Moral Lives of Animals.* Chicago, IL:University of Chicago Press, 2009. Bloch, Günther. "Feldforschungsbericht."

- Bad Münstereifel, Germany: Canid Behaviour Centre, Winter 2001-2002.

- ———."Mensch und Wolf in Koexistenz? Datengestützte .berlegungen zum Anpassungsverhalten eines nicht bejagten Wolfsbestandes gegenüber Menschen." Bad Münstereifel, Germany: Canid Behaviour Centre, 2015.

- ———."Social Structure, Population Trend, Sex Ratio, Character Types, Mortality and Dispersal in Two Wolf Families: 'Bows' & 'Pipestones.'" Bad Münstereifel, Germany:Canid Behaviour Centre, 2013.

- Bloch, Günther, and Karin Bloch. "Alpha-Concept, Dominance and Leadership in Wolf Families." *Wolf! Magazine* 20, no. 2 (2002): 3-7.

- ———."The Influence of Highway Traffic on Movement Patterns of the Bow Valley Wolf Pack on the Bow Valley Parkway of BNP." Bad Münstereifel, Germany: Canid Behaviour Centre, 2002.

- ———.*Timberwolf Yukon & Co.* Nerdlen/Daun,Germany: Kynos, 2002. Bloch, Günther, and Peter Dettling. *Auge in Auge mit dem Wolf.* Stuttgart, Germany: Kosmos, 2009.

- Bloch, Günther, and Mike Gibeau. "Adaptive Strategies of Wild Wolves in the Bow Valley of Banff NP." Paper presented at the Wolf &Co - 5th International Symposium on Canids, Filander, Fürth, Germany, 2011.

- Bloch, Günther, and Paul Paquet. "Wolf (*Canis lupus*) & Raven (*Corvus corax*): The Co-Evolution of 'Team Players' and Their Living Together in a Social-Mixed Group." Bad Münstereifel, Germany: Canid Behaviour Centre, 2011.

- Cafazzo, Simona, Eugenia Natoli and Paola Valsecchi. "Scent-Marking Behaviour in a Pack of Free-Ranging Domestic Dogs." *Ethology* 118, no. 10 (2012): 955-966.

- Cafazzo, Simona, Paola Valsecchi, Roberto Bonanni and Eugenia Natoli "Dominance in Relation to Age, Sex, and Competitive Contexts in a Group of Free-Ranging Domestic Dogs." *Behavioral Ecology* 21, no. 3 (2010): 443-455. doi: 10.1093/beheco/arq001.

- Callaghan, Carolyn. "The Ecology of Gray Wolf (*Canis lupus*) Habitat Use, Survival and Persistence in the Central Rocky Mountains, Canada." Ph.D. diss., University of Guelph, 2002.

- De Waal, Frans. "What Is an Animal Emotion?" *Annals of the New York Academy of Sciences* 1224 (2011): 191-206.

- Dettling, Peter. *The Will of the Land.* Victoria, BC: Rocky Mountain Books, 2010.

- Ellis, Cathy. "Wolves Hunting on Edge of Town." *Rocky MountainOutlook*, September 23, 2015. http://www.rmoutlook.com/ Wolves-hunting-on-edge-of-town-20150923.

- Feddersen-Petersen, Dorit. *Ausdrucksverhalten beim Hund: Mimik und Körpersprache, Kommunikation und Verständigun.* Stuttgart, Germany: Kosmos, 2008.

- ———.*Hundepsychologie.* Stuttgart, Germany: Kosmos, 2004. Fox, Michael. *Behaviour of Wolves, Dogs and Related Canids.* New York: Harper & Row, 1972.

- Gibeau, Mike. "Use of Urban Habitats by Coyotes in the Vicinity of Banff." Master's thesis, University of Montana, 1993.

- Goodman, Patricia, et al. "Wolf Ethogram," Ethology Series no. 3. Battle Ground, IN: North American Wildlife Park Foundation, 1985.

- Heinrich, Bernd. *Die Seele der Raben.* Frankfurt am Main, Germany: S. Fischer Verlag, 1994. Published in English as *Mind of the Raven: Investigations and Adventures with Wolf-birds.* New York: HarperCollins Cliff Street Books, 1999.

- ——."Team Players." *Dogs Magazine*, no. 6 (2010): 114-117.
  Katz, Daniel. "Parks Canada Looks for Ways to
  Manage Record Numbers of Visitors."
  Bow Valley Crag & Canyon 117, no. 7 (February 17, 2016): 11.

- Käufer, Mechtild. *Canine Play Behavior: The Science of Dogs at Play*.
  Wenatchee, WA: Dogwise Publishing, 2014.

- Kleiman, D.G. "Scent Marking in the Canidae."
  Symposium of the Zoological Society of London 18 (1966): 167-177.

- Lazarus, Richard, and Bernice Lazarus.
  Passion and Reason. Oxford, UK: Oxford University Press, 1994.

- Mech, L. David. "Alpha Status, Dominance,
  and Division of Labor in Wolf Packs."
  Canadian Journal of Zoology 77, no. 8 (1999): 1196-1203.

- ——."Leadership in Wolf, *Canis lupus*, packs."
  Canadian Field Naturalist 114, no. 2 (2000): 259-263.

- National Park Service. *Management of Habituated Wolves
  in Yellowstone National Park*. Yellowstone National Park,
  WY: National Park Service, 2003.
  http://www.pinedaleonline.com/news/2009/02/
  habituatedwolves9-2003.pdf.

- Pal, S.K. "Urine Marking by Free-Ranging Dogs
  (*Canis familiaris*) in Relation to Sex, Season, Place and Posture."
  Applied Animal Behaviour Science 80, no. 1 (2003): 45 59.

- Panksepp, Jaak. *Affective Neuroscience:
  The Foundations of Human and Animal Emotions*. Oxford,
  UK: Oxford University Press, 1998.

- ——."The MacLean Legacy and Some Modern Trends
  in Emotion Research." In *The Evolutionary Neuroethology of
  Paul MacLean: Convergences and Frontiers*, edited by
  Gerald A. Cory Jr. and Russell Gardner Jr., ix–xxvii.
  Westport, CT: Praeger, 2002.

- Paquet, Paul. "Summary Reference Document,
  Ecological Studies of Recolonizing Wolves in
  the Central Canadian Rocky Mountains, Final Report,
  April 1989 - June 1993." Prepared for Parks Canada,
  Banff National Park Warden Service, 1993.

- Paquet, Paul, David Huggard, and Shelley Curry.
  "Banff National Park Canid Ecology Study:
  First Progress Report April 1989 - April 1990."
  Prepared by John/Paul Associates
  for the Canadian Parks Service, 1990.

- Peterson, Dale. *The Moral Lives of Animals*.
  New York: Bloomsbury Press, 2011.

- Radinger, Elli H. *Die Wölfe von Yellowstone:Die ersten zehn Jahre*.
  Wetzlar, Germany: Van Doellen, 2004.

- Rennicke, Jeff. "Playing Around: In a natural world
  that rewards efficiency, can wild animals conceivably engage
  in something as frivolous as play?" *National Parks* 81,
  no. 3(Summer 2007): 16-17.

- Schenkel, Rudolf. "Expression Studies on Wolves:
  Captivity Observations." Department of Zoology,
  University of Basel, 1946. Scanned English-language
  typescript downloadable in PDFs from
  www.davemech.org/schenkel.

- Smith, Douglas. "Wolf Pack Leadership, Howling Publication."
  Canmore, AB: Central Rockies Wolf Project, 2002.
  Smith, Douglas, Daniel Stahler and Debra Guernsey.
  Yellowstone Wolf Project, Annual Reports 2002, 2003, 2004, 2005.
  Yellowstone National Park, WY: National Park Service,
  Yellowstone Center for Resources, 2002-2005.

- Trumler, Eberhard. *Das Jahr des Hundes*.
  Nerdlen/Daun, Germany: Kynos, 1985.

- Ward, Camille, Erika B. Bauer and Barbara B. Smuts.
  "Partner Preferences and Asymmetries in Social Play
  among Domestic Dog, *Canis lupus familiaris*, Littermates."
  Animal Behaviour 76, no. 4 (2008): 1187-1199.
  doi:10.1016/j.anbehav.2008.06.004.

- Zimen, Erik. *Der Wolf*. Stuttgart, Germany: Kosmos, 2003.
  (『オオカミ──その行動・生態・神話』エリック・ツィーメン著、
  今泉みね子訳、白水社、2007年)

- ——."On the Regulation of Pack Size in Wolves."
  Zeitschrift für Tierpsychologie 40, no. 3 (1976): 300-341.

- ——."Social Dynamics of the Wolf Pack." In *The Wild Canids:
  Their Systematics, Behavioral Ecology and Evolution*,
  edited by M.W. Fox, 336–362. New York:
  Van Nostrand Reinhold Co., 1975.

- ——. *Wölfe und Königspudel:
  Vergleichende Verhaltensbeobachtungen*. Munich, Germany:
  R. Piper & Co., 1971.

著者　ギュンター・ブロッホ

ポーランド、スロバキア、スペイン、イタリア、北アメリカで長年にわたり野生オオカミの観察を続け、オオカミとイヌの行動について6冊の著書がある。1977年、ドイツにイヌ科動物行動研究センターを設立。1999年にはイヌ科動物国際シンポジウムを発足させた。1992年から2003年にはパークス・カナダのもと、バンフ国立公園のボウ渓谷でオオカミの行動を研究。その後独立し、2003年から2014年まで独自に観察を続けた。

写真　ジョン・E・マリオット

カナダの第一線で活躍する野生動物写真家。キャリアは20年に及び、作品は『ナショナル・ジオグラフィック』、『BBCワイルドライフ』、『カナディアン・ジオグラフィック』、『マクリーンズ』、『リーダーズ・ダイジェスト』などの誌面を飾っている。カナダでベストセラーとなった『Banff & Lake Louise: Images of Banff National Park（バンフとレイク・ルイーズ：バンフ国立公園）』（2007年）を含む4冊の著書がある。

訳者紹介　喜多直子（きた・なおこ）

和歌山県在住。訳書に『サファリ』『ふしぎの国のアリス』（大日本絵画）、『猫がくれたたいせつな贈りもの』『ママだいすき！』（アルファポリス）、『カート・コバーン：オフィシャルドキュメンタリー』（ヤマハミュージックメディア）、『アレックス・ファーガソン 人を動かす』（日本文芸社）、『ファット・キャット・アート──デブ猫、名画を語る』（エクスナレッジ）などがある。

監修者紹介　今泉忠明（いまいずみ　ただあき）

国立科学博物館で哺乳類の分類と生態を研究。
文部省（現文部科学省）の国際生物計画調査、日本列島総合調査、環境庁（現環境省）のイリオモテヤマネコ生態調査などに参加した。

（翻訳協力：株式会社トランネット）

30年にわたる観察で明らかにされたオオカミたちの本当の生活──パイプストーン一家の興亡

2017年8月15日　初版第1刷発行

著者　　ギュンター・ブロッホ
写真　　ジョン・E・マリオット
訳者　　喜多直子
監修　　今泉忠明

発行者　澤井聖一
発行所　株式会社エクスナレッジ
　　　　〒106-0032　東京都港区六本木7-2-26
　　　　http://www.xknowledge.co.jp/

問い合わせ先　編集：Fax 03-3403-5898 ／ info@xknowledge.co.jp
　　　　　　　販売：Tel 03-3403-1321　Fax 03-3403-1829

無断転載の禁止
本書の内容（本文、写真、図表、イラスト等）を、当社および著作権者の承諾なしに無断で転載
（翻訳、複写、データベースへの入力、インターネットでの掲載等）することを禁じます。